tous les Saints; c'est aussi par cette route que Dieu a conduit la femme pieuse qui fait le sujet de cet article. Son historien l'appelle l'*Epouse de la Croix*, et sa vie fut en effet une chaîne de traverses et de souffrances, qui sans doute ne contribuèrent pas peu à la sanctifier.

Jeanne Pinczon étoit fille de M. Pinczon de Cacé, gentilhomme du diocèse de Rennes, et de Renée Sion. Elle naquit le 2 septembre 1616, et perdit sa mère à l'âge de quatre ans. Abandonnée à la merci des domestiques, elle en fut indignement traitée, et fit ainsi dès son bas âge l'apprentissage du malheur. Il paroît même que sa jeunesse fut exposée à de grands dangers, au milieu desquels Dieu la protégea. Il lui inspira de bonne heure la patience dont elle avoit besoin pour supporter les chagrins auxquels elle devoit être en butte. Elle demeura pendant six mois chez une parente, dont l'humeur insupportable fut pour elle une occasion de mérite. Elle fit sa première communion avec plus de ferveur qu'on n'en apporte ordinairement à cette action importante. Aussi, Dieu la récompensa en lui donnant un désir plus vif de le servir. A treize ans, elle tomba de cheval et se cassa un bras. Elle souffrit, sans se plaindre, l'opération qu'il fallut lui faire, et pendant tout le temps qu'elle fut obligée de garder

MÉTHODE

DE

PLAIN-CHANT.

MÉTHODE

DE

PLAIN-CHANT

PARISIEN,

DIVISÉE EN DEUX PARTIES :

La Première contient les Principes de ce Chant;
la Seconde contient des Exemples sur tous les
Tons, la manière de chanter toutes les parties
des Offices, même les Leçons, les Epîtres et les
Evangiles, et la manière de conduire un Chœur;

SUIVIES

*De Principes et d'Exemples de Plain-Chant musical pour
les Cantiques, et de trois figures représentant l'instrument
appelé* SERPENT, *avec ses différentes gammes chroma-
tiques, etc.*

DÉDIÉE A MONSEIGNEUR L'ÉVÊQUE DE DIJON,

Par Matth. LUCAN,

Musicien de la Cathédrale.

SECONDE ÉDITION,

Revue, corrigée et considérablement augmentée.

A LYON,

CHEZ RUSAND, IMPRIMEUR DU ROI.

1828.

LYON, IMPRIMERIE DE RUSAND.

A MONSEIGNEUR

J.-F. MARTIN DE BOISVILLE,

ÉVÊQUE DE DIJON.

MONSEIGNEUR,

LES connoissances que j'ai pu acquérir dans un art auquel j'ai été appliqué dès ma plus tendre enfance, et que je n'ai jamais cessé de cultiver, me donnent aujourd'hui la confiance de pouvoir offrir au Public une MÉTHODE DE PLAIN-CHANT, qui réunit à l'exactitude des principes, la précision désirée dans une composition de cette nature.

Je crois n'avoir rien négligé pour rendre cette Méthode applicable à tous les tons, et propre à régulariser un Chœur dans toutes les intonations. Pour la rendre d'un intérêt plus général, j'ai ajouté les divers chants de Cantiques, adoptés par l'Eglise de Saint-Sulpice et autres grandes Paroisses de la Capitale; de sorte que tout ce qui est essentiel, et même de pur agrément, se trouve traité avec un soin tout particulier.

Je manquerois à mon devoir, MONSEIGNEUR, si je ne déposois aux pieds de Votre Grandeur ce petit Ouvrage, fruit de l'expérience que j'ai acquise pendant vingt-cinq années dans le Chœur de votre Cathédrale. Pourroit-il paroître sous des auspices tout à la fois plus honorables et plus avantageux?

Veuillez donc, Monseigneur, agréer cet essai, spécialement entrepris dans l'intérêt des jeunes Elèves du Sanctuaire de votre Diocèse. Si Votre Grandeur daigne y jeter un coup d'œil de faveur et d'approbation, je croirai mes services et mes intentions recompensés bien au-delà de leur foible mérite.

Je suis avec vénération,

Monseigneur,

De Votre Grandeur,

Le très-humble et très-soumis serviteur.
Matth. Lucan.

MÉTHODE
DE PLAIN-CHANT.

PREMIÈRE PARTIE.

Le Plain-Chant s'écrit sur quatre lignes et trois espaces, que l'on nomme *portée*.

On se sert de sept notes, qui se nomment *ut*, *ré*, *mi*, *fa*, *sol*, *la*, *si*. Ces sept notes se posent sur les lignes nommées ci-dessus, et quand les quatre lignes ne suffisent pas pour monter ou pour descendre, on ajoute soit en haut, soit en bas, une ligne rapportée.

FIGURES DES NOTES DE LA GAMME.

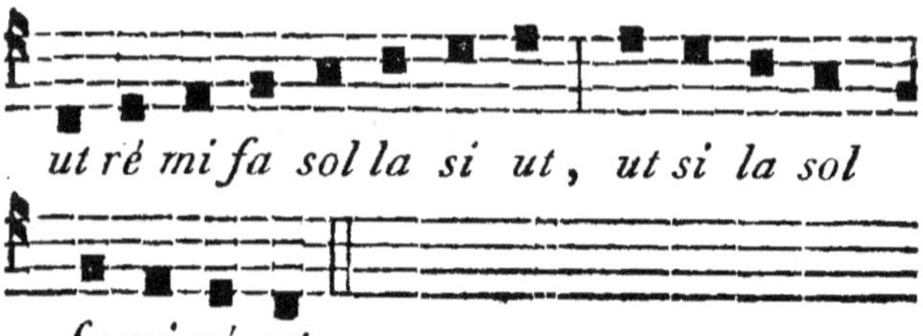

Ces sept notes suffisent pour toute l'étendue du chant, parce qu'on peut les répéter à l'infini.

Exemple des lignes rapportées.

A

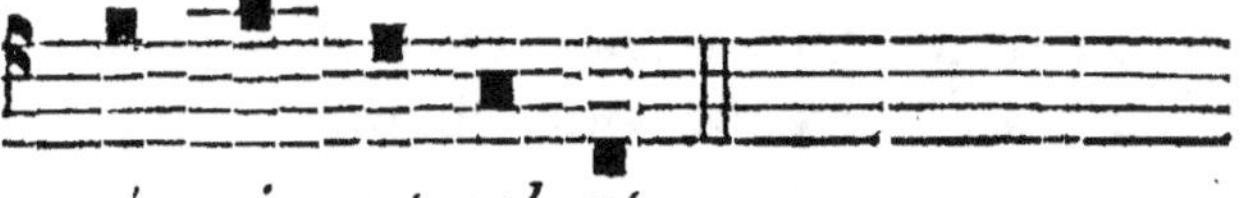

ré mi   ut sol ut.

Cet exemple renferme toute l'étendue de la voix.

On emploie dans le Plain-Chant quatre espèces de notes : la première est la note carrée ou double, la note simple, la note à queue et la note brève.

FIGURES DES NOTES ET LEUR VALEUR.

Quand on rencontre une note carrée on doit rester dessus, et prolonger le chant comme s'il y en avoit deux simples.

Quand on rencontre une note à queue il faut prolonger la voix comme s'il y avoit une note et demie.

La note simple se chante carrément, sans rester plus de temps sur l'une que sur l'autre, soit que l'on monte, soit que l'on descende. On doit surtout éviter, en montant, de rester sur les notes simples, afin d'éviter les discordances du chant.

Quant à la note losange ♦, qui se trouve toujours après la note simple, on ne doit rester dessus que la moitié du temps de la note simple.

On emploie deux accidens dans le Plain-Chant. Le premier est le *bémol*, qui sert à baisser la note d'un demi-ton, et qui se marque ainsi ♭; le second est le *bécarre*, dont voici le signe ♮, et qui sert à remettre la note dans son ton naturel.

Le *bémol*, que l'on nomme dans les anciennes méthodes *za*, parce qu'il se trouve sur la note *si* qu'il bémolise en la baissant d'un demi-ton, sert à faire connoître que le chant est doux ou mineur ; le *bécarre* indique que le chant est simple, net et sans inflexion. On ne trouve le *bécarre* qu'après le *bémol*, et l'on ne doit point s'occuper à en chercher en tête du chant. Si le morceau à chanter exige une transposition, il faudra recourir à la seconde partie de cette Méthode, où je parlerai de la manière dont il faut s'y prendre pour transposer une pièce de chant trop haute ou trop basse pour le chœur. (J'observe que cette transposition ne regarde que celui qui joue du serpent.)

La gamme ou octave est composée de

cinq tons et de deux demi-tons majeurs,
en répétant la note *ut* tonique , qui d'octave redevient tonique lorsque la voix peut
monter une autre gamme. Le premier demi-ton se trouve du 3.ᵉ au 4.ᵉ degré , de la
note *mi* au *fa* ; le second demi-ton se
trouve du 7.ᵉ au 8.ᵉ degré, du *si* à l'*ut*. Soit
en montant , soit en descendant , on ne
rencontre aucun accident dans cette gamme,
qui se nomme *Gamme naturelle*.

La portée de quatre lignes ne suffisant
pas quelquefois pour l'étendue d'une pièce
de chant, on est obligé de changer de clef
pour éviter de rapporter des lignes. Alors
on se sert de deux sortes de clefs, par le
moyen desquelles l'on hausse ou l'on baisse le
chant. Ces clefs sont , la clef d'*ut* qui se
pose sur les quatre lignes , et la clef de *fa*
qui se pose sur la troisième ligne.

FIGURES ET POSES DES CLEFS.

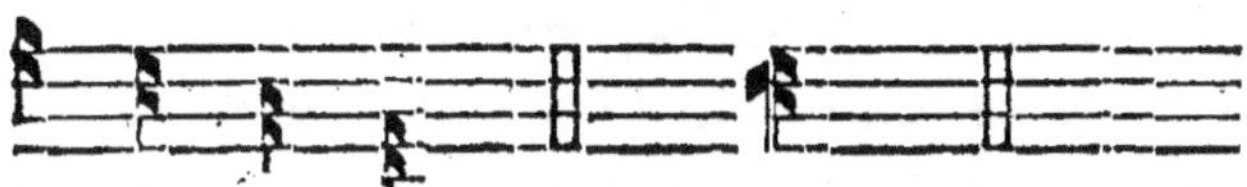

Clef d'*ut* sur 4 lig. Clef de *fa* sur la 3.ᵉ lig.

La clef d'*ut* , posée sur la quatrième

ligne, s'appelle la clef de *sol ut* , parce qu'il
faut prendre *sol* sur la ligne où la clef est
posée quand on chante par *bémol*, et
prendre *ut* si l'on chante par *bécarre*.

La clef de *fa* posée sur la troisième ligne est

appelée clef d'*ut fa* 🎼 , parce qu'il faut prendre *ut* sur la ligne de la clef si l'on chante par *bémol*, ce qui est très-rare , et *fa* quand on chante par *bécarre*.

Lorsqu'il doit y avoir un *bémol* on le met à la clef, ainsi qu'on le voit dans l'exemple suivant :

Exemple de la clef de sol ut *par* ♭.

Voici la clef de *sol ut* sur la troisième ligne par *bémol*.

En nommant *sol* sur la ligne de la clef, vous suivrez les notes sur les degrés où elles seront placées, soit en montant, soit en descendant. On fera la même chose pour l'exemple de la clef de *sol ut* par *bécarre*.

Exemple.

A 3

Exemple de la Clef d'ut fa *par* bécarre.

On voit, par cet exemple, qu'il faut appeler *fa* la note qui se trouve sur la même ligne que la clef, et suivre par degrés les autres notes chacune à sa place.

Il y a deux sortes de degrés, que l'on nomme degré conjoint, et degré disjoint.

Le degré conjoint est le plus petit des intervalles, puisqu'on suit les notes chacune en son rang pour le faire. *Ut* à *ré*, *ré* à *mi*, *mi* à *fa*, *fa* à *sol*, *sol* à *la*, *la* à *si*, *si* à *ut*, qui forment la gamme, sont autant de degrés conjoints : c'est ce que l'on nomme *Gamme diatonique.*

Le degré disjoint est formé d'un plus grand intervalle : *ut mi*, *ut fa*, *ut sol*, *ut la*, *ut si*, *ut ut*, sont autant de degrés disjoints.

Les demi-tons ne se trouvent dans la gamme naturelle d'*ut*, ainsi que je l'ai déjà dit, que de *mi* à *fa* et de *si* à *ut*. On rencontre pourtant dans le chant, et même très-souvent, la note *si* bémolisée ; c'est la note que dans les méthodes anciennes on nomme *za*, mais que j'appellerai, dans celle-ci, de son propre nom, *si bémol.*

Toutes les fois que le *si* est bémolisé, il est marqué soit à la clef, soit devant la note; ainsi avec un peu d'attention, les Elèves s'habitueront à vocaliser le *si bémol* par son nom propre.

Exemple des tons entiers et des demi-tons.

Tons entiers.

Demi-tons.

La première note d'une gamme est toujours nommée tonique; la 2.e est appelée

seconde ou sustonique; la 3.e, tierce ou médiante; la 4.e, quarte ou sous-dominante; la
5.e, quinte ou dominante; la 6.e, sixte ou sus-
dominante; la 7.e, septième ou sous-tonique,
que l'on peut appeler note sensible; et la
8.e, octave, qui redevient tonique si l'on
monte une seconde gamme.

Exemple.

La quarte juste étant composée de deux
tons et d'un demi-ton, comme de *fa* à *si*,
toutes les fois que l'on montera cette quarte
on bémolisera le *si*, ou, pour mieux dire, on
fera *si bémol*, quand même il ne seroit pas
marqué, afin qu'ayant fait une quarte juste
en montant, l'on descende une quinte juste
composée de trois tons et d'un demi-ton.

Exemple.

Deux tons et demi. Trois tons et demi.

Quarte juste.   Quinte juste.

J'invite MM. les Maîtres qui se serviront de cette Méthode, à ne classer que graduellement, en faisant solfier leurs élèves sur la première partie des gammes, les principes que j'ai donnés au commencement de cet Ouvrage.

CARACTÈRES

DONT ON SE SERT POUR ÉCRIRE LE PLAIN-CHANT.

Clefs d'*ut*.   Clef de *fa*.

Ut ut ut ut.   Fa.

Note carrée à queue, note carrée simple,

note brève, rhomboïde qui sert à lier

le chant comme les carrées jointes.

A 5

Petite barre, grande barre, double barre.

Bémol, dièse, bécarre, guidon.

Le *bémol* baisse la note d'un demi-ton, le *dièse* la hausse d'un demi-ton, et le *bécarre* la remet dans son ton naturel ; mais le *bécarre* ne peut être employé qu'après l'un ou l'autre des deux premiers accidens.

DE LA MANIÈRE DE SOLFIER

En passant par tous les intervalles de la Gamme montante et descendante, et de l'emploi des Clefs.

Les personnes qui désirent apprendre le Plain-Chant doivent, en premier lieu, s'appliquer à bien distinguer les notes, car sans cela elles confondroient souvent les intonations. Il est donc indispensable de s'exercer alternativement sur chacune des clefs, et cette connoissance préliminaire acquise, on entonnera sans éprouver la moindre difficulté.

Il faut commencer par la Gamme diatonique (ou Gamme par degrés conjoints). Quand on saura bien la monter et la descendre, on passera aux Gammes par tierces, par quartes, etc.

Mais auparavant il faudra solfier sur toutes les clefs usitées dans le Plain-Chant , ainsi qu'il suit :

Gamme d'*ut*.

Gamme de *ré* majeur.

Gamme de *mi* majeur.

Gamme de *fa*.

A 6

Gamme de *si* ♭ majeur.

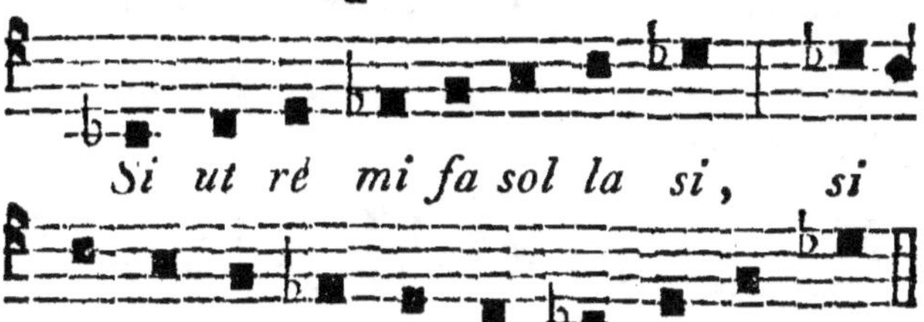

*Autre Gamme de Clef d'ut sur la troi-
sième ligne.*

Exemple.

Ré majeur.

Mi ♭ majeur.

Autre Gamme sur la clef de *fa*.

Ut majeur.

Sol majeur.

Quand on saura bien solfier les Gammes diatoniques sur toutes les clefs, on pourra passer aux Gammes par degrés disjoints.

Gammes par tierces.

Tierces montantes et descendantes,
par degrés conjoints.

Exercices par intervalles de quartes.

Quarte juste.

Triton.

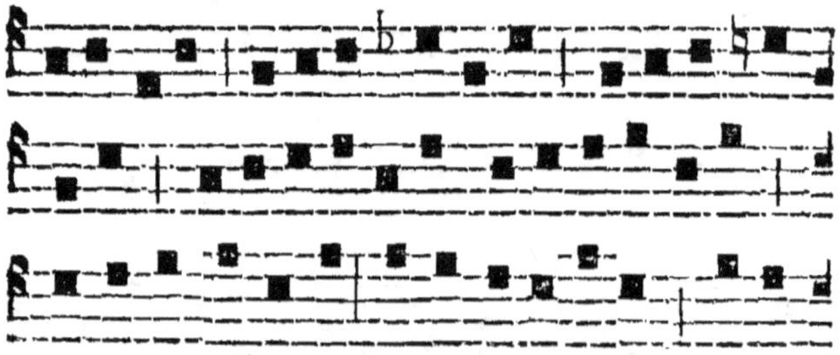

Suite des Exercices par quartes montantes et descendantes.

Exercices par intervalles de quintes.

Suite des exercices par quintes montantes et descendantes.

Exercices par intervalles de sixtes.

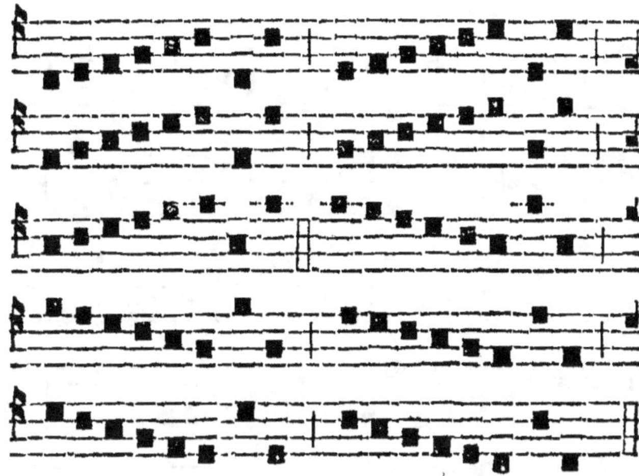

Exercices par intervalles de sixtes montantes et descendantes.

Exercices par intervalles de septièmes.

Exercices par septièmes montantes et des-
cendantes.

Résumé des intervalles.

Intervalles de secondes.

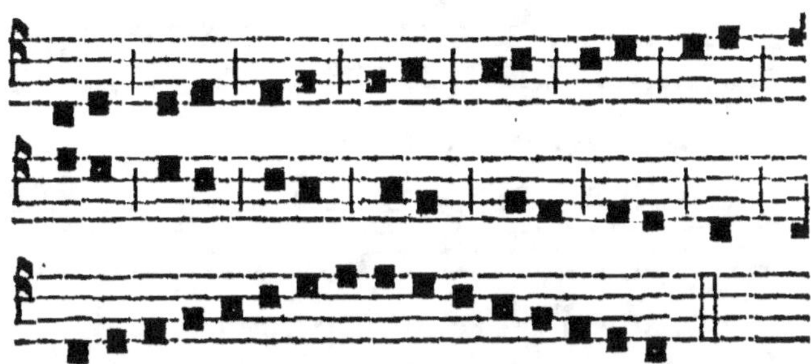

Intervalles de tierces.

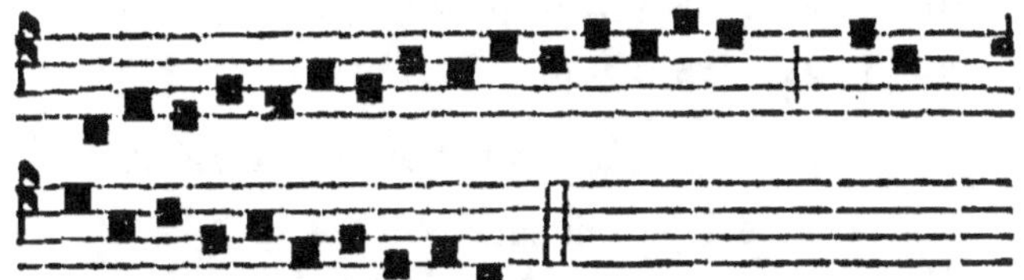

Intervalles de quartes.

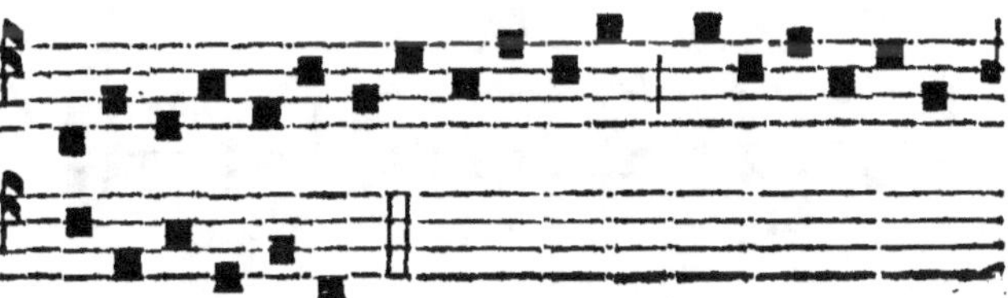

Intervalles de quintes.

Intervalles de sixtes.

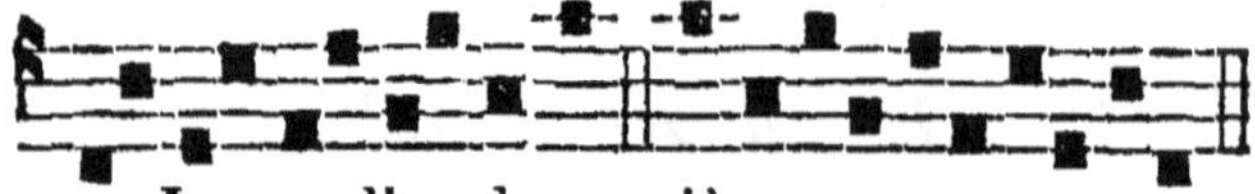

Intervalles de septièmes.

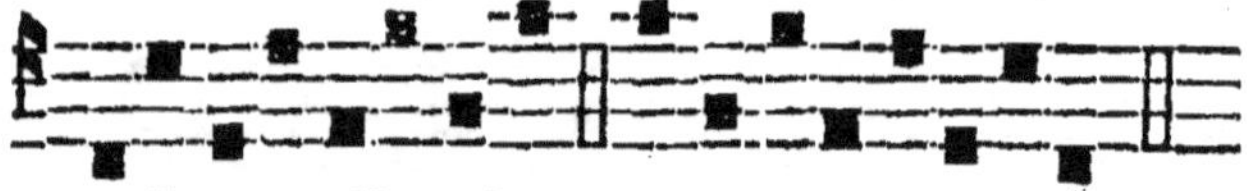

Intervalles d'octaves.

Lorsque l'Elève aura parcouru toutes les Gammes, et qu'il sera sûr de ses intonations, il passera aux pièces de chant ci-après pour se familiariser à placer les syllabes sous les notes :

Exemple du premier ton. Gravis.

Gamme de *ré* mineur.

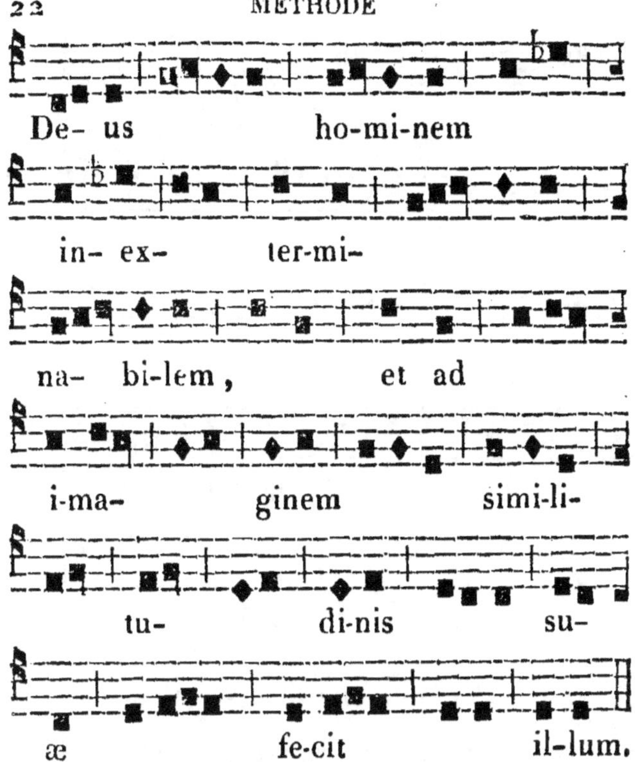

Les losanges ♦♦ font connoître les syllabes qui sont ▬▬ brèves.

Exemple du second ton. **Tristis.**

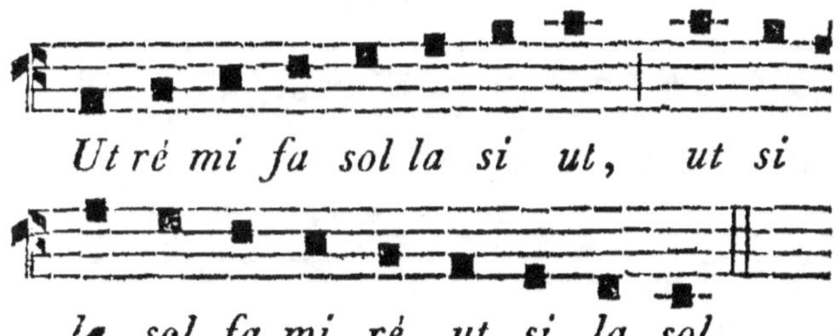

Exemple du troisième ton. Mysticus.

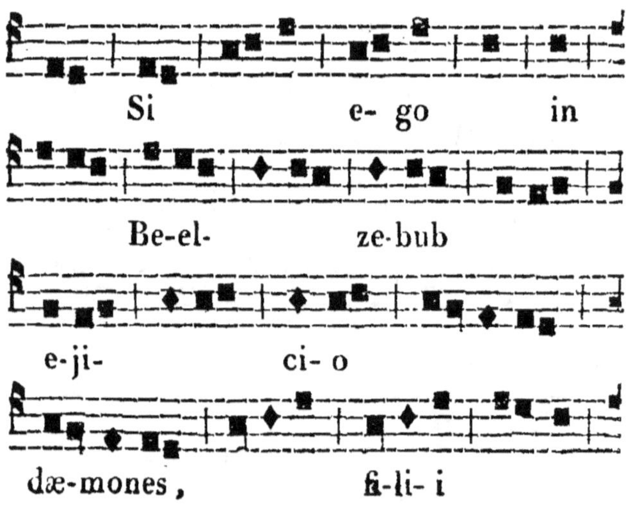

Exemple du quatrième ton. Harmonicus.

Exemple

Exemple du cinquième ton. Lætus.

Exemple du 1.er *ton* J. Gravis.

Gamme de *ré* mineur.

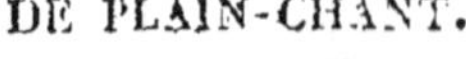

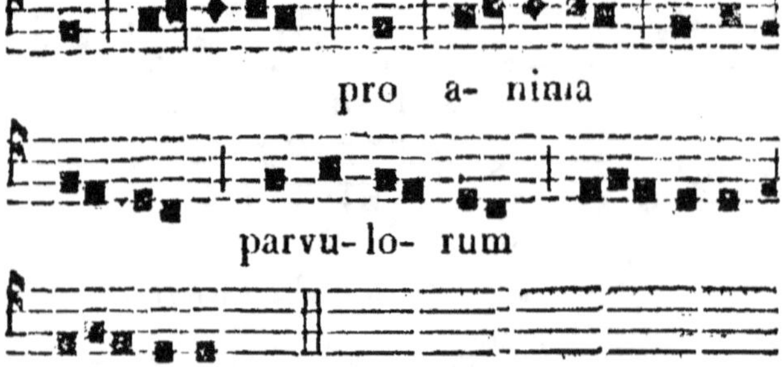

Exemple du sixième ton. **F. Devotus.**

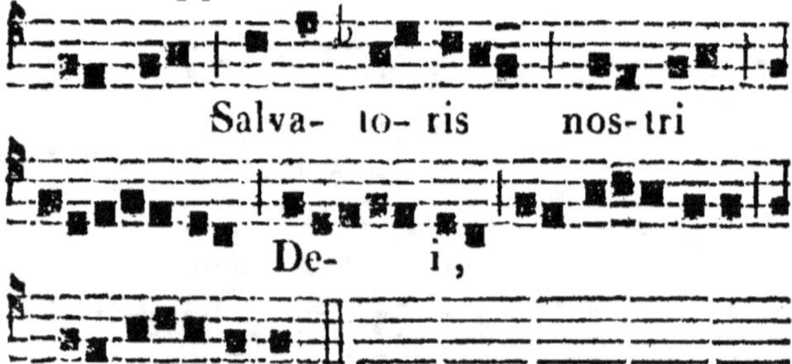

al- le- lu-ia.

Ces deux exemples doivent être mis ensemble à cause de leur ressemblance, quoiqu'ils diffèrent de ton.

2.

Exemple du septième ton. Angelicus.

Exemple du huitième ton. Perfectus.

Il y a huit tons sur lesquels on chante le plain-chant. Ces huit tons ont chacun une intonation qui leur est propre : on les distingue par leur son ou harmonie, qui est différente pour chacun d'eux, et par leurs noms propres.

Primus tonus,	*Gravis.*
Secundus,	*Tristis.*
Tertius,	*Mysticus.*
Quartus,	*Harmonicus.*
Quintus,	*Lætus.*
Sextus,	*Devotus.*
Septimus,	*Angelicus.*
Octavus,	*Perfectus.*

Chacun de ces tons a sa finale et sa dominante, qui servent à le faire connoître. La dominante est la quinte ou cinquième note sur laquelle se maintient la psalmodie, et que l'on rencontre le plus souvent dans un répons ou une antienne. Dans le répons la dominante est toujours, au verset ainsi qu'au *Gloria*, la note qui commence.

Table des dominantes et finales de chaque ton.

I.er ton impair, dominante *la*, finale *ré*.
II. pair,   *fa*,   *ré*.
III. impair,   *ut*,   *mi*.
IV. pair,   *la*,   *mi*.
V. impair,   *ut*,   *fa*.
VI. pair,   *la*,   *fa*.
VII. impair,   *ré*,   *sol*.
VIII. pair,   *ut*,   *sol*.

On doit savoir cette table par cœur, parce que, par son moyen, on s'assurera dans quel ton est l'antienne ou le répons que l'on aura à chanter, en jetant les yeux sur la finale. Si c'est un *ré*, la pièce de chant sera du 1.er ou du 2.e ton, comme il est démontré dans cette table; et, pour en faire la distinction, il faudra chercher la dominante : si elle se trouve être un *la*, le chant sera du 1.er ton; au lieu que si elle se trouve être un *fa*, le chant sera du 2.e ton.

Le premier ton impair, dont la note dominante est *la*, a pour finale la note *ré*.

Exemple.

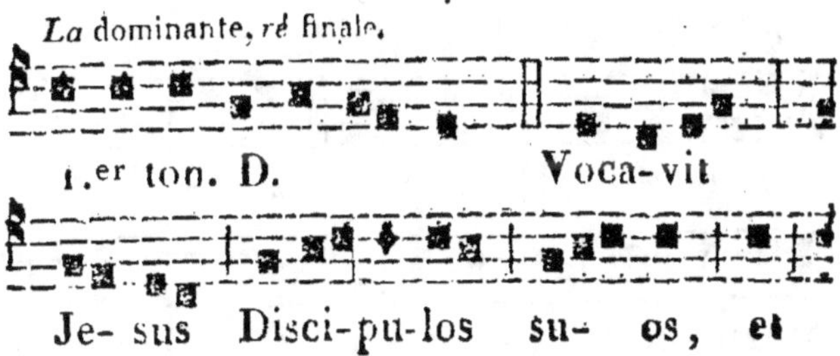

Le second ton pair, dont la dominante est *fa*, a pour finale la note *ré*.

Exemple.

Fa dominante,   *ré* finale.

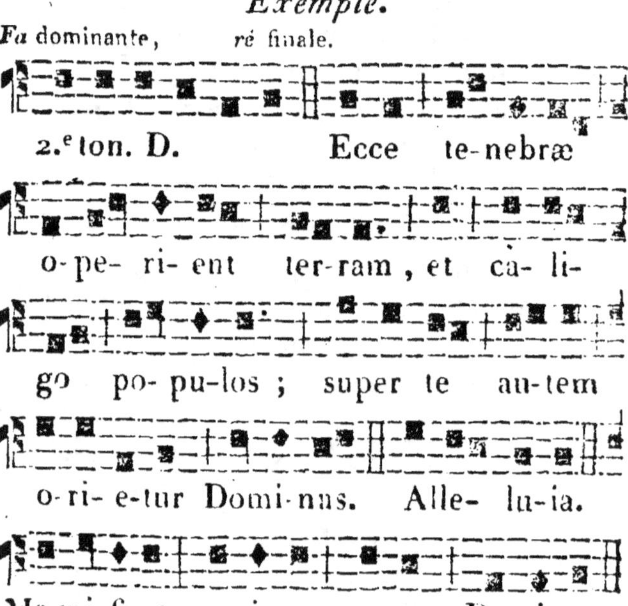

Le troisième ton impair, dont la dominante est *ut*, a pour finale la note *mi*.

Exemple.

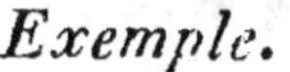

Le quatrième ton pair, dont la dominante
est *la*, a pour finale la note *mi*.

Exemple.

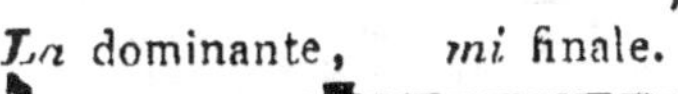

Le cinquième ton impair, dont la dominante est *ut*, a pour finale la note *fa.*

Exemple.

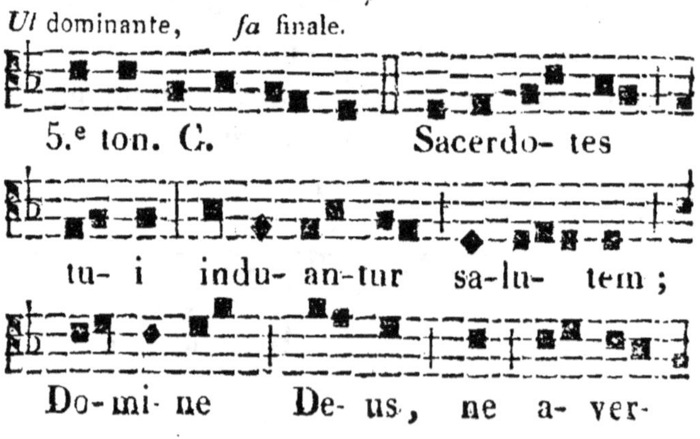

Le sixième ton pair, dont la dominante
est *là*, a pour finale la note *fa*.

Exemple.

La dominante,   *fa finale.*

Le septième ton impair, dont la dominante est *ré*, a pour finale la note *sol*.

Exemple.

Ré dominante, *sol* finale.

Magni- ficat anima me- a Domi-num.

Le huitième ton pair, dont la dominante est *ut*, a pour finale la note *sol*.

Exemple.

Ut dominante,   *sol* finale.

8.^e ton. G.   Ope-ra- tus est

bonum, et rec-tum, et ve-rum

coram Do- mi-no De- o su- o

in uni-ver-sa. cultu- ra minis-

te- ri- i domûs Do- mi-ni, fe- cit-

que et prospe- ra-tus est. Mag-

ni- fi- cat anima me-a Dominum.

Les dominantes étant difficiles à trouver pour beaucoup de personnes, il faut, pour les reconnoître, se ressouvenir que les tons impairs, qui sont le 1.er, le 3.e, le 5.e et le 7.e ton, montent beaucoup au-dessus de leurs finales; au lieu que les tons pairs, qui sont le 2.e, le 4.e, le 6.e et le 8.e ton, ont en descendant ce que les impairs ont en montant.

Lorsque vous voyez une pièce de chant qui monte huit notes au-dessus de la finale, et qu'elle ne descend que d'une note au-dessous, si elle finit par *ré*, la pièce est du 1.er ton, et non du second; si elle finit par un *mi*, c'est le 3.e ton; si c'est par un *fa*, c'est le 5.e ton; si c'est par un *sol*, c'est le 7.e ton.

De même pour les tons pairs, quand une antienne, ou un autre morceau de chant descend plus d'une note au-dessous de la finale, et qu'il ne monte que de cinq ou six notes au-dessus, s'il finit par un *ré*, le chant est du 2.e ton; s'il finit par un *mi*, il est du 4.e ton; s'il finit par un *fa*, il est du 6.e ton; et enfin, s'il finit par un *sol*, c'est le 8.e ton.

Voyez, pour les tons impairs, les antiennes précédentes des 1.er, 3.e, 5.e et 7.e tons.

De même, pour les tons pairs, voyez celles des 2.e, 4.e, 6.e et 8.e tons, page 30.

Il y a aussi quelques tons que l'on appelle mixtes, qui conviennent aux tons pairs et aux tons impairs, parce qu'ils montent beaucoup et descendent de même. Ces tons sont classés dans les impairs, comme étant les plus nobles.

Voyez les exemples suivans.

Exemple du 1.er ton impair mixte.

Exemple du 2.e ton pair mixte, en a.

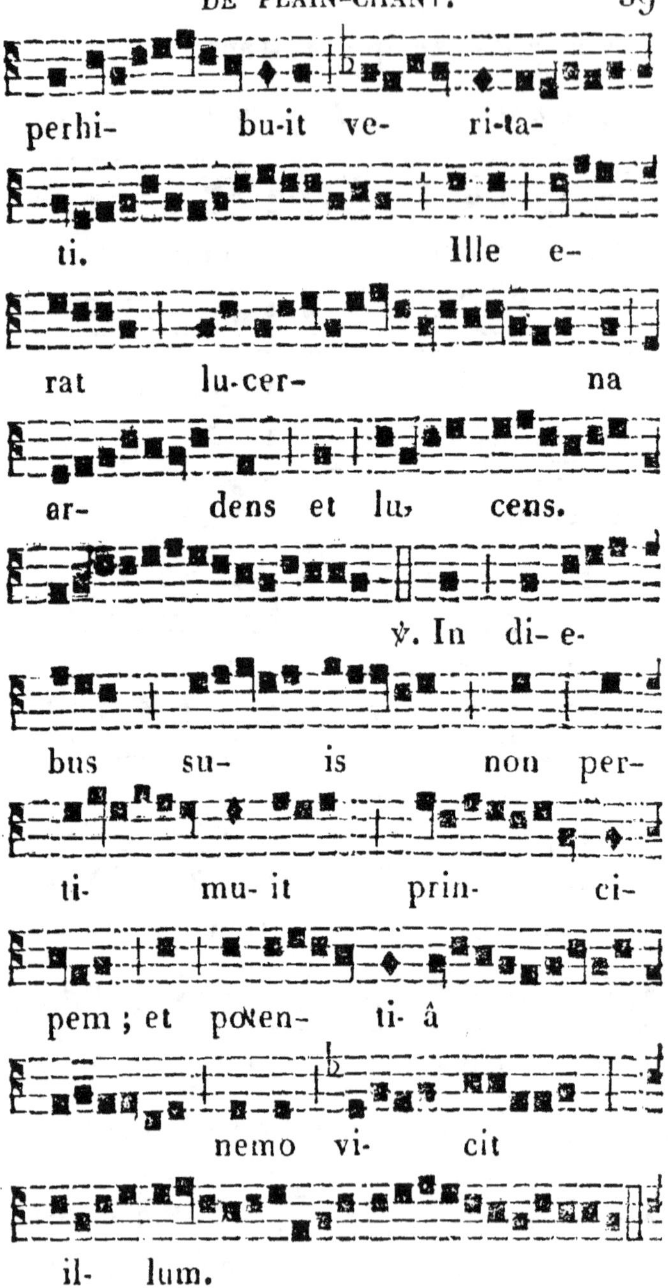
perhi- bu-it ve- ri-ta-
ti. Ille e-
rat lu-cer- na
ar- dens et lu, cens.
℣. In di-e-
bus su- is non per-
ti- mu-it prin- ci-
pem ; et poten- ti- â
nemo vi- cit
il- lum.

Cet exemple doit se prendre sur la même dominante que la précédente, parce qu'étant d'une grande étendue, la majeure partie du chœur ne pourroit le chanter. On suivra la même méthode pour l'exemple suivant.

Exemple du 8.ᵉ ton mixte.

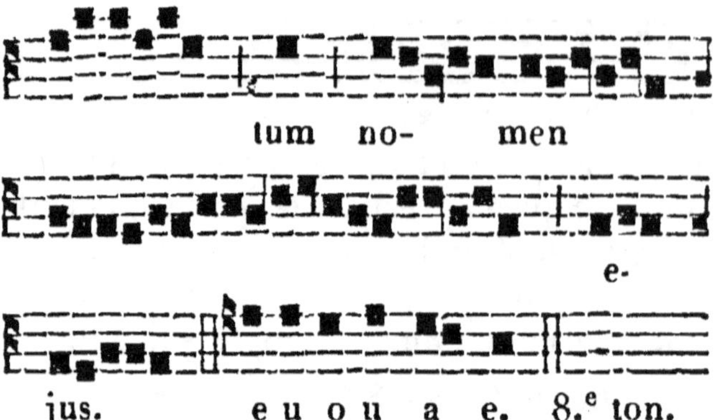

Tous les tons étant marqués en tête des antiennes et des psaumes, ce sont ces tons mixtes ou particuliers qu'il faut apprendre par cœur. Et pour bien les comprendre, il faut regarder sur quelle note l'antienne finit, quelle est sa dominante; ce que l'on reconnoîtra aisément par la première note de l'e, u, o, u, a, e, qui veut dire *seculorum. Amen.*

Exemple :

On voit dans cet exemple que la finale est un *ré*, et la dominante un *la* : donc il faudra entonner le psaume sur le premier ton.

Autre exemple :

Dans cet exemple la dominante est *fa* , et la finale est *ré* , ce qui le met au second ton.

Il y a deux sortes de tons irréguliers, les premiers sont les tons irréguliers simples, qui servent à diversifier les terminaisons des psaumes et antiennes, et on les reconnoît par la lettre qui indique par quelle note ils finissent.

Voyez la table générale ci-après ; tous les tons qui sont marqués par d'autres lettres que par celles usitées pour les faux-bourdons, sont des tons irréguliers simples.

Les autres tons, que l'on appelle tons irréguliers transposés, sont beaucoup plus difficiles à connoître et à chanter, à cause du changement de clefs et de la transposition. Je donnerai donc un exemple de chacun de ces tons, pour servir de règle aux Maîtres qui se serviront de ma méthode.

1.er *Ton irrégulier transposé.*

Le 1.er ton régulier est ordinairement noté sur la clef d'*ut*, quatrième ligne, et a pour dominante, ainsi que je l'ai déjà dit, la note *la*, et pour finale la note *fa*.

Il devient ton irrégulier et transposé lorsqu'on le trouve noté sur la 2.ᵉ ligne ; sa
dominante alors, au lieu d'être la note *la*,
est celle de *mi*, et sa finale la note *la*.

Exemple :

Serpent joue en ut mineur.

sol mi ut.

Le second ton, noté ordinairement sur la
clef de *fa* posée sur la 3.ᵉ ligne, se transpose avec la clef d'*ut* posée sur la même
ligne ; alors sa dominante devient *ut*, et sa
finale la note *la* ; on en trouve plusieurs
exemples.

Exemple :

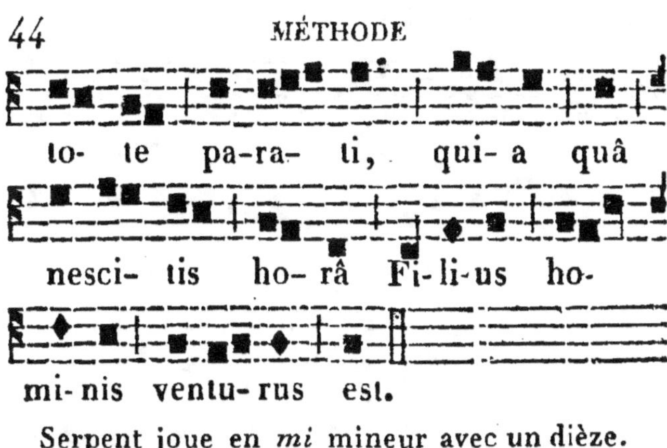

Serpent joue en *mi* mineur avec un dièze.

Le 3.e ton irrégulier et transposé, dont les exemples sont très-rares, se note sur la clef d'*ut*, 3.e ligne, au lieu de l'être sur la 4.e ligne; sa dominante ne change pas, parce qu'elle est toujours *ut*, ainsi qu'au ton régulier. L'étendue seule de cette pièce de chant a nécessité cette transposition. On doit porter la plus grande attention à cet exemple, qui monte beaucoup et descend de même.

Exemple :

Serpent joue en *ut* majeur.

sicut pas- ser e- repta
est de la- que-o
ve- nen- ti- um ;
la-que-us
con- tri- tus est,
et nos li-be- ra- ti
su- mus.
Ad-ju-to- ri- um nos-trum in
no-mine Do- mi-ni,
qui fe-cit cœ- lum et ter-

Le 4.e ton, noté sur la clef d'*ut*, 4.e ligne, et dont la dominante est *la* et la finale *mi*, se transpose avec la même clef sur la 2.e ligne; alors sa dominante est *mi* et sa finale *si*. On le transpose également sur la 3.e ligne, même clef; alors sa dominante est *ré* et sa finale *la*.

Exemple :

Serpent joue en *ut* avec la clef d'*ut* posée sur la première ligne.

Voyez l'exemple du 4.e ton transposé
sur la 2.e ligne, à l'Invitatoire, de la Nativité de la Sainte Vierge.

Le 5.e ton, noté sur la 3.e ligne avec la
clef d'*ut*, a pour dominante la note *ut*, et
pour finale la note *fa*. On le transpose
avec la même clef sur la 1.re ligne ; alors sa
dominante devient *sol* et sa finale *ut*. Ce ton
est simplement ton régulier transposé.

Exemple :

Le serpent ne transpose pas.

Le 6.e ton, noté sur la clef d'*ut*, 4.e ligne,
a pour dominante la note *la* et pour finale
la note *fa* ; il devient ton irrégulier et transposé lorsqu'on le trouve noté sur la clef

d'*ut*, 2.e ligne; alors sa dominante est un *mi*
et sa finale un *ut*. On le trouve aussi transposé sur la 3.e ligne avec la clef d'*ut*.

Exemple :

Serpent joue en *fa*.

Le 7.e ne se transpose pas dans le chant
parisien. Je donne ici un exemple de ce
ton transposé au chant romain, seulement
pour compléter la transposition des huit
tons. La dominante du 7.e ton noté sur la
clef d'*ut*, 3.e ligne, est la note *ré*, et sa finale,

la

la note *sol*. On le trouve transposé au romain sur la clef d'*ut*, 4.ᵉ ligne, alors sa dominante est la note *sol* , et sa finale *ut*.

Exemple.

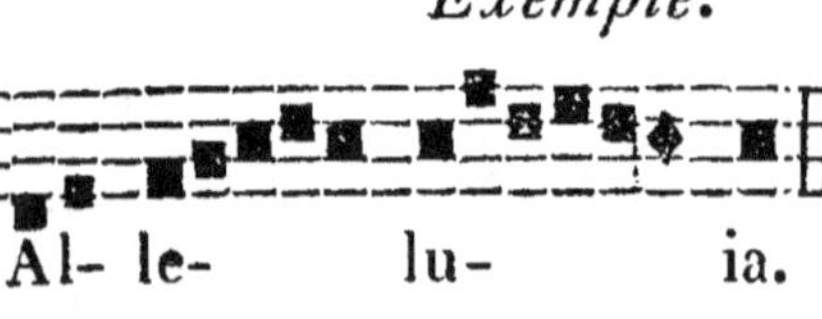

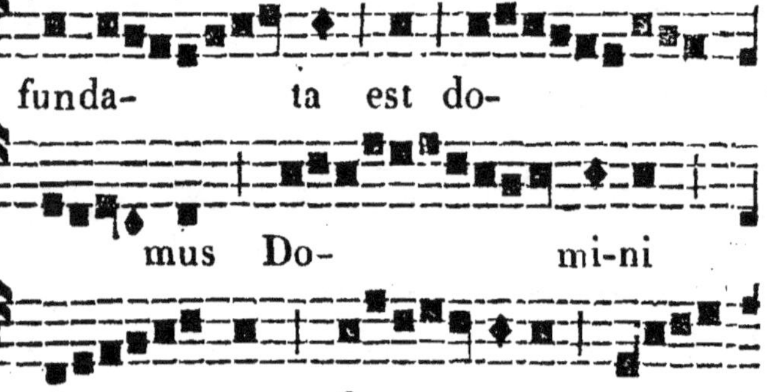

Le serpent ne transpose pas.

Le huitième ton, écrit sur la clef d'*ut*, 4.ᵉ ligne, dont la dominante est la note *ut*, et la finale la note *sol*, se trouve, mais très-rarement, transposé sur la clef d'*ut*, 3.ᵉ ligne. C'est ce qui a fait dire à quelques personnes qu'il ne se transposoit qu'au romain.

On voit, dans l'exemple suivant, qu'il est ton irrégulier et transposé; sa dominante et sa finale sont toujours les mêmes.

Le serpent joue en *ut* mineur.

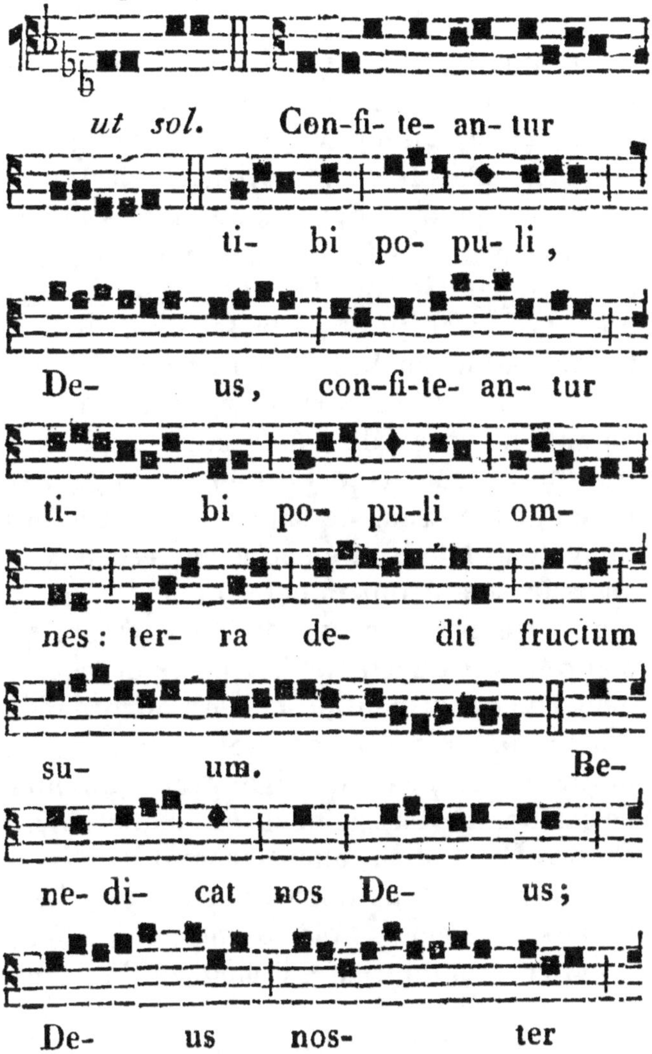

us.

Les quatre lignes sur lesquelles on écrit
le plain-chant ne suffisant pas à l'étendue
de beaucoup de pièces, on a été obligé de
recourir, dans le chant parisien, à la transposition, pour éviter d'ajouter des lignes
au-dessus ou au-dessous des portées, ainsi
que l'on peut le voir dans ce dernier exemple, que la transposition baisse d'une tierce,
ce qui fait qu'au lieu d'ajouter deux lignes
au-dessus de la portée, on n'en ajoute
qu'une; il en est de même pour le 2.ᵉ ton
transposé, dans lequel on seroit obligé d'a-
jouter, au-dessous de la portée, deux lignes
pour compléter son étendue en descendant.
Dans le chant romain cette difficulté ne se
rencontre pas, à cause du changement de
clef qui se trouve dans les pièces de chant;
mais ce changement de clef est encore plus
difficile que la transposition entière d'un
morceau, en ce qu'il exige beaucoup plus
de science et d'usage dans les chantres d'un
chœur. En étudiant attentivement ces exemples, tant des tons mixtes que des tons irréguliers transposés, on se mettra à même
d'éviter les nombreuses difficultés du chant.

FIN DE LA PREMIÈRE PARTIE.

SECONDE PARTIE.

Il y a quatre Règles à observer dans le chant des Psaumes :

La première est la modulation , ou intonation , par où commence le verset de chaque psaume ;

La seconde , celle du milieu du verset , qu'on appelle *médiante ;*

La troisième, celle qui termine le verset, qu'on appelle *conclusion* , c'est-à-dire qui marque le *seculorum, amen,* par les voyelles e , u , o , u , a , e ;

La quatrième, la plus importante de toutes , consiste à conserver la dominante dans le chant, à ne point traîner la voix, à s'arrêter aux points et virgules marqués dans chaque verset , et surtout à se mettre à l'unisson du chœur, en chantant librement et sans effort , sans vouloir devancer , ou se mettre en arrière de ceux avec qui l'on psalmodie , et surtout d'éviter de faire ce que l'on appelle communément une queue, en restant trop long-temps sur les terminaisons.

L'intonation est une modulation qui conduit à la dominante du ton. Il y en a de deux sortes :

La première sert aux fêtes doubles, aux premiers versets des psaumes des vêpres, matines et laudes ;

La seconde sert aux semi-doubles, simples et féries, et commence de suite par la dominante.

Il n'y a qu'aux *Magnificat*, *Benedictus* et autres cantiques, qu'on se sert de l'intonation des doubles, les jours de féries.

La médiante est toujours la même.

La conclusion se diversifie quelquefois.

TABLE GÉNÉRALE

De tous les Tons avec leurs intonations, Dominantes et Conclusions.

CHANT DES PSAUMES ET CANTIQUES.

PREMIER TON.

Amen. Mag-ni-fi-cat * ani-ma.
Ton plus usité.
On peut ainsi transposer cette Clef.
Glori-à Patri, et Fi-li-o.
e u o u a e.
Lauda- te Dominum, omnes gen-
tes,etc. Spiri-tu-i sancto. e u o u a e.
Magni- fi-cat * anima.
Spiri-tu- i sancto. e u o u a e.
i i u i a o. e u o u a e.
f, ou f.
e u o u a e.
g
e u o u a e.
g
e u o u a e.

a, a
e u o u a e.
DEUXIÈME TON.
Il est peu usité.
A
Lauda- te Dominum, omnes gentes.
e u o u a e.
Ton peu usité.
Pour les Can-
tiques Evan-
géliques.
Nunc di-mittis servum tu-um,
Do- mine.
Ton plus usité.
D
Laudate Dominum, omnes gentes.
Spiri-tu-i sancto. e u o u a e.
Ton plus usité.
Pour les Can-
tiques Evan-
géliques.
Bene- dictus Domi-nus
De- us Is-ra-el. Magni- ficat * a-nima.

TROISIÈME TON.

QUATRIÈME TON.

Ton peu usité.

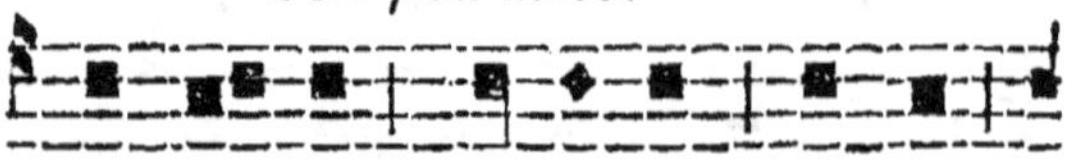

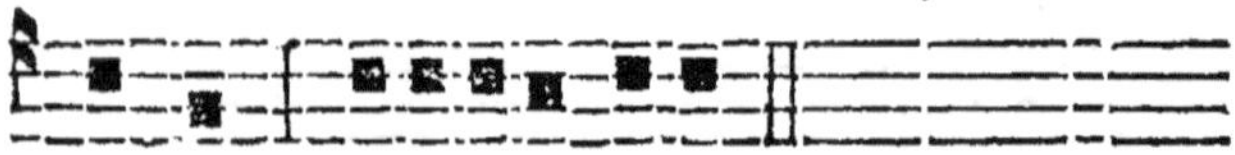

Pour les Can-
tiques Evan-
géliques.

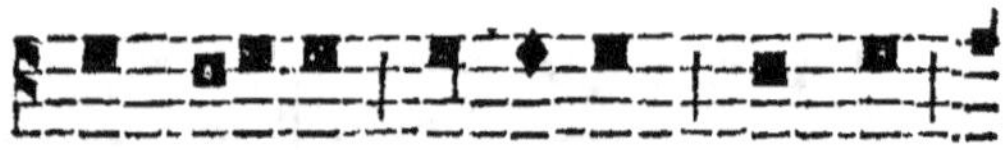

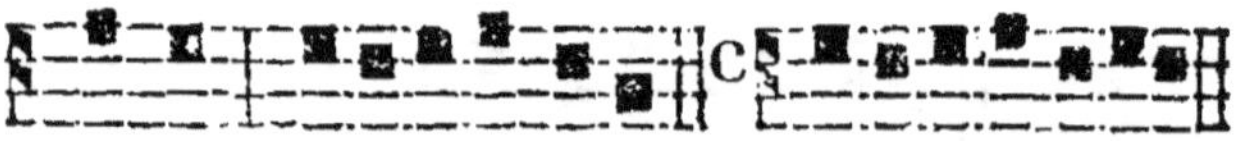

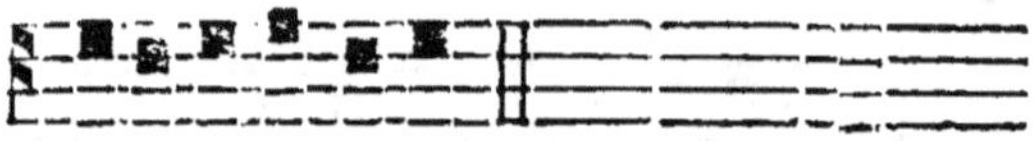

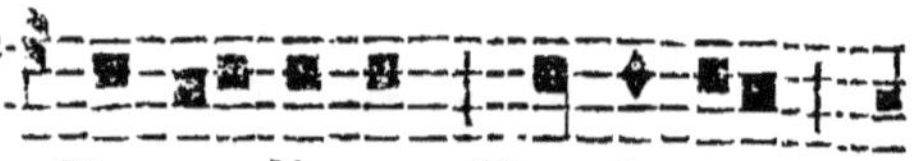

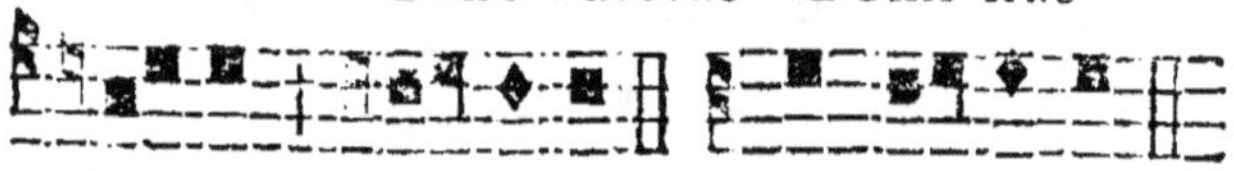

CINQUIÈME TON.

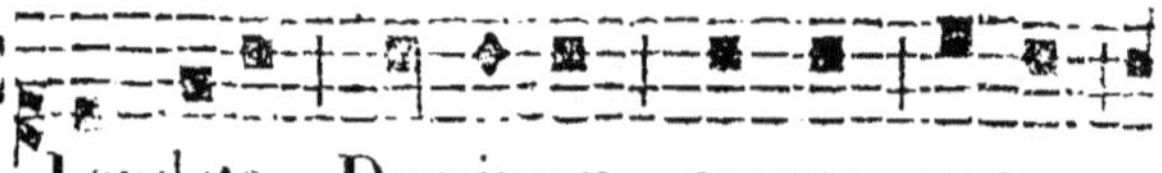

3..

euou ae. Magni-fi-cat * anima.
On peut ainsi transposer cette Clef.
Glori-a Patri, et Fili-
o, * et Spi-ritu-i sancto.
Lauda-te Dominum, omnes gentes.
Spiri-tu-i sancto. euou a e.
Spi-ri-tu-i sancto. euou ae.
frumenti sa-ti-at te.

SIXIÈME TON.

Lauda-te Do-minum, omnes gentes.
et in secula. euou ae.
Ton peu usité.
Pour les Cantiques Evangéliques.
Bene- dictus Dominus

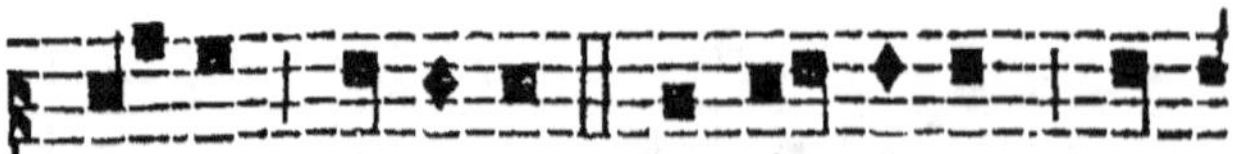

Ton usité.

Pour les Cantiques Evangéliques.

Dans les chants précédens on peut ainsi transposer cette Clef.

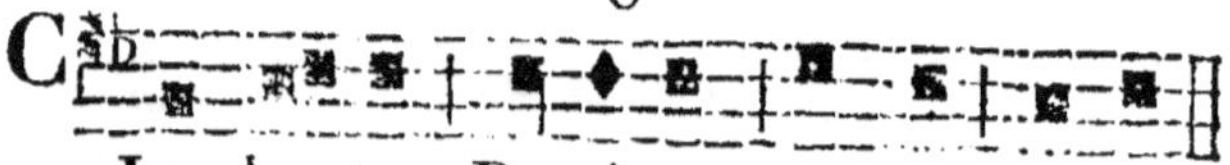

Lauda- te Dominum, omnes gentes.

F

Spiri-tu i sancto. e u o u a e.

F

Spiri-tu- i sancto. e u o u a e.

Pour les Can-
tiques Evan-
géliques.

Bene- dictus Dominus De-

us Is- ra- el. Magni- ficat * anima.

SEPTIÈME TON.

G

Lauda- te Dominum, omnes gentes.

e u o u a e.

Magni- ficat * anima.

a, *a*

Spiri-tu-i sancto. e u o u a e.

b, *b*

e u o u a e.

ç, ç
e u o u a e.
c, c
e u o u a e.
d
e u o u a e.
d
e u o u a e.
HUITIÈME TON.
G
Laudate Dominum, omnes gentes.
Spiri-tu-i sancto. e u o u a e.
G
Spiri-tu-i sancto. e u o u a e.
c, c
Spiri-tu-i sancto. e u o u a e.
d
e u o u a e.

Pour les Can-
tiques Evan-
géliques.

OBSERVATION.

Toutes les Intonations marquées ci-dessus dans les huit Tons, ne se disent qu'au premier verset de chaque Psaume ; et dans les autres versets on commence tout droit par la dominante : ce qui se fait aussi dans les Cantiques évangéliques, à moins qu'on ne touche l'orgue ; car alors on chante le commencement de chaque verset du Cantique de la même manière que le premier a été entonné.

Dans ces mêmes Cantiques, la médiation de tous les versets est de même qu'au premier verset. La médiation du Cantique *Magnificat* ne pouvant être marquée dans toute son étendue, parce que la moitié du premier verset n'est que d'un seul mot, il faut avoir recours au Cantique *Benedictus*.

CHANT DES *GLORIA PATRI.*

Pour les Répons du premier ton en **A** *et en* **D.**

Pour les Répons du deuxième ton en **D.**

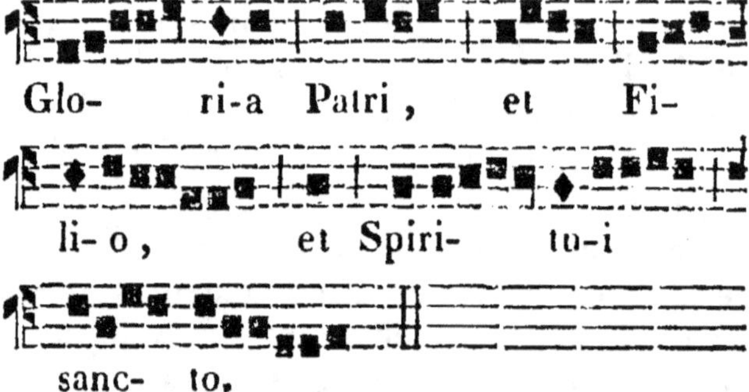

Pour les Répons du 2. *en* **A**, *c'est le même chant que ci-dessus, excepté le dernier mot qui se chante ainsi :*

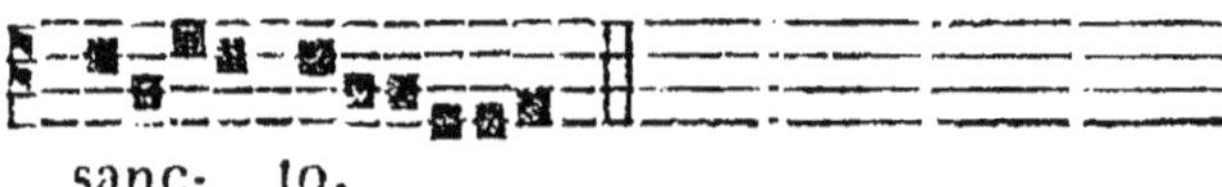

Pour les Répons du troisième ton.

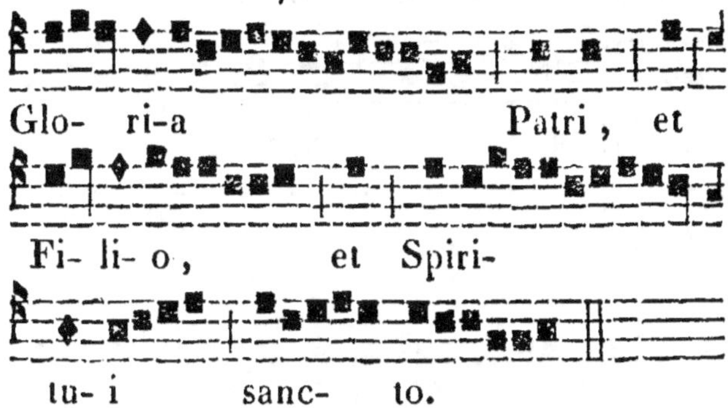

Pour les Répons du quatrième ton.

Pour les Répons du cinquième ton en F.

Pour les Répons du sixième ton.

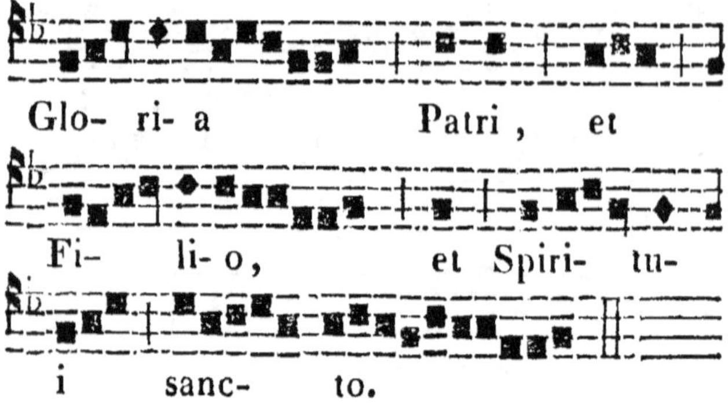

Pour les Répons du septième ton.

Pour les Répons du huitième ton.

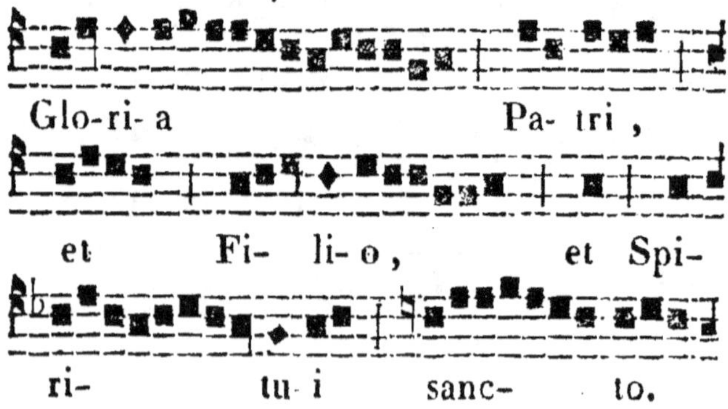

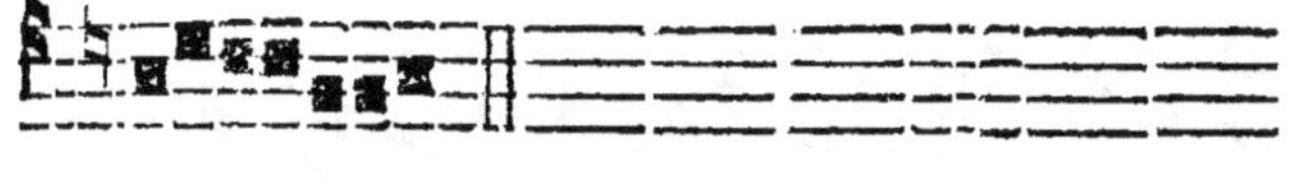

CHANT

De l'Alleluia, à la fin des Antiennes.

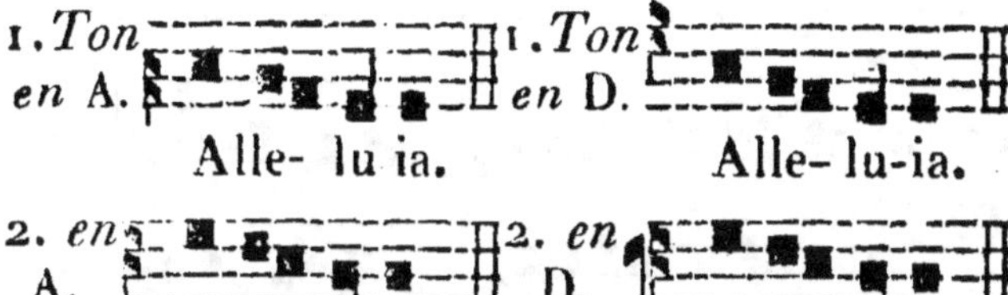

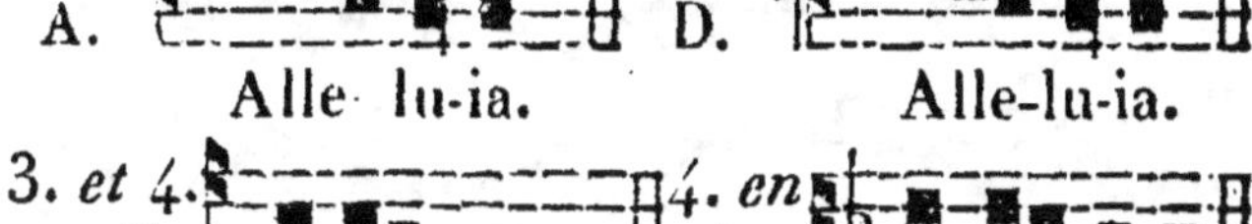

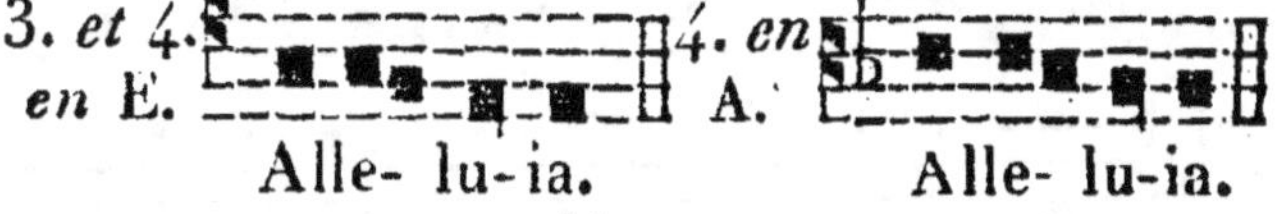

NEUMES

Du 2. en D.
Du 3.
Du 4. en E.
Du 4. en A.
Du 5. en C.
Du 5. en F.
Du 6 en C. ou en F.
Du 7.
Du 8.

CHANT

Des Benedicamus, à la fin des Vêpres.

Pour les Fétes annuelles.

Du 2.
en D.

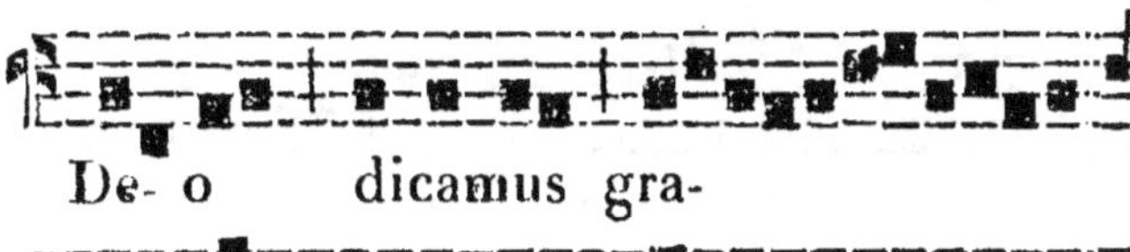

Pour les Grands-Solennels.

Du 5.
en C.

Pour les Doubles-Majeurs et au-dessous.

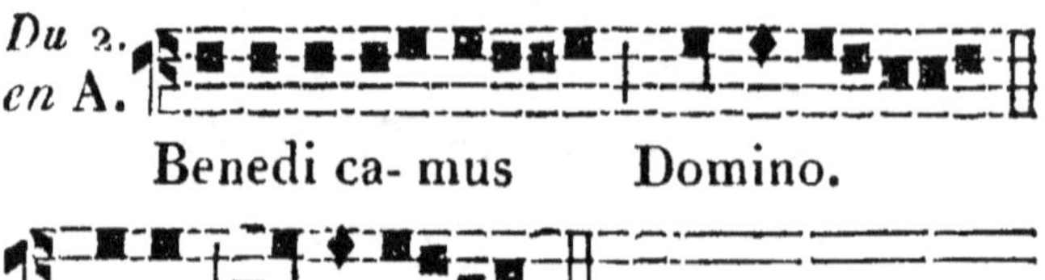

Benedi ca- mus   Domino.

De- o   gra ti- as.

CHANT DES *ITE, MISSA EST.*

DUMONT.

Solennels-Mineurs.

Autre pour les Solennels-Mineurs.

Doubles-Majeurs et Mineurs.

Simples.

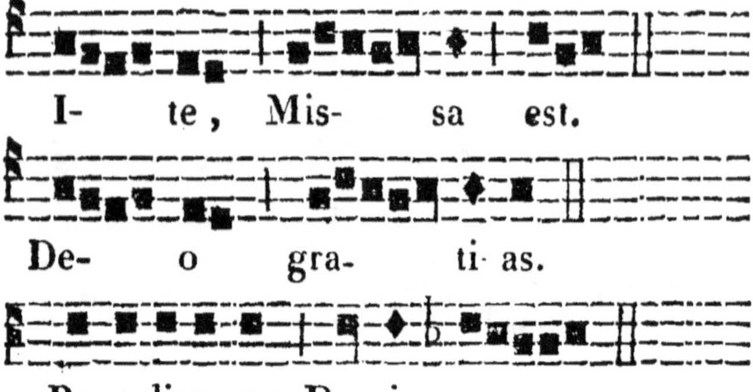

La beauté du chant consiste dans sa régularité ; plus il y a uniformité dans la dominante , plus le chant est majestueux dans les Eglises où il y a un Orgue ou un Serpent. Cette régularité ne doit jamais manquer , parce que celui qui joue de cet instrument, s'il est un peu instruit , doit connoître la portée de la voix de la partie majeure qui compose le chœur , et établir une dominante dont il ne doit jamais s'écarter.

Dans les chœurs où il y a des Basses, la dominante doit être *sol* sur l'instrument, c'est à dire qu'il faut qu'au premier ton, dont la dominante est *la* , ainsi qu'au quatrième et au sixième, dont la dominante est également *la*, il fasse *sol* ; qu'au deuxième, au lieu de dire *ut*, *ré*, *fa*, il dise *ré*, *mi*, *sol*; pour le cinquième ton, au lieu de dire *fa*, *la*, *ut*, il dira *ut*, *mi*, *sol*; le troisième et le huitième tons, dont la dominante est *ut*, commenceront par *ré*, *mi*, *sol*, et le septième ton commencera *fa*, *fa*, *sol*, au lieu d'*ut*, *ré*, *fa*. Dans tous les morceaux de chant que contiendra cette Méthode, je mettrai la manière d'entonner pour obtenir la même dominante. Cet article ne regarde que les Serpentistes et ceux qui font la charge de Chantre.

Dans les Eglises où il n'y a ni Orgue, ni Serpent, la dominante doit se trouver sur la note *la*, mais jamais plus haut : cette dominante étant d'un ton à faire monter jusqu'au *mi*, et même jusqu'au *fa*, ainsi qu'on peut le voir par le *Credo* de Dumont, et le *Kyrie* des doubles-mineurs et beaucoup d'autres pièces de chant que je pourrois citer. Il faut que le Maître-Chantre, ou la personne qui joue du Serpent, s'assure, avant d'entonner, de l'étendue du morceau que l'on doit chanter, afin d'éviter de faire chanter le Chœur trop haut, en prenant une dominante trop élevée, et aussi d'empêcher la majeure partie du Chœur de chanter, en prenant une dominante trop basse. En jetant les yeux sur l'Offertoire de l'Assomption, que j'ai placé dans la classe

des

des tons mixtes, on sentira l'importance de
tenir à une dominante fixe qui ne soit ni
trop haute, ni trop basse.

Le plus sûr moyen seroit d'avoir un
timbre ou diapazon qui donnât la dominante
établie dans le Chœurs, afin qu'en frappant
dessus, on pût régler la psalmodie, en
rappelant le ton que l'on doit soutenir.
Cet avis est tellement important, qu'il est
impossible, dans les Chœur où il n'y a ni
orgue ni serpent, qu'elle soit fixe et main-
tenue. Et pour conserver cette régularité du
chant dans les intonations, je ne pense pas
qu'il y ait d'autres moyens.

On verra, dans les exemples suivans, l'importance de ce que j'avance, et les résultats
avantageux que l'on obtiendra en suivant
cette règle.

CHANT DES *INTROIT.*

Introït du 1. ton.　　*La* est dominante.

4

tes- tamen- tum pa- cis; et
prin- cipem fe- cit e- um, ut
sit il- li sa- cerdo-ti- i
dig- nitas in æ-
ter- num.
Mi fa sol la fa sol. Glo- ri-
a Pa-tri, et Fi-li- o, et
Spi- ri- tu- i sanc-to; si- cut e-rat
in princi-pi-o, et nunc, et semper,

Gloria du 1. J.

On voit par cette pièce de chant quelle importance on doit mettre à avoir une dominante fixe et peu élevée, pour éviter de faire crier les chanteurs, et aussi combien on doit écouter celui qui est chargé de donner l'intonation.

1. Ton J. *Le Serpent joue en* ut *mineur.*

Introït du 2. ton.

Le Serpent joue en mi *mineur.*

Cette pièce de chant étant très-haute et très-basse, je la fais toujours chanter sur la dominante de *sol*, ainsi qu'elle est transposée pour le Serpent; et j'engage toutes les personnes qui sont chargées d'entonner les psaumes, de suivre cette dominante.

Antienne du 2. ton en D.

Le troisième ton dont la dominante est
ut, doit se prendre en *sol :* ainsi celui qui
joue du Serpent doit faire *ré mi sol.*

Serpent.

a, qui- a ip- se De- us
me- us, et Sal- va- tor me-
us, in De- o sa-
lu-ta-re me- um, et glo- ri-
a me- a.
Serpent. Glo- ri- a
Patri, et Fi- li- o , et Spiri-tu- i
sanc- to; si-cut e-rat in princi-pi-
o , et nunc, et sem-per , et in

secu-la   se-cu-lo-rum. Amen.
Incomplet.
EnF.
Secu-lo-rum. A- men. A- men.
Du 3.
en g.
Ré mi sol,   mi sol mi ré mi.
3. g.
Qui au-dit   sa-pi-en-   ti-am
permane-bit con-fi-dens ,   quo- ni-am
in tenta-ti-o-nem am-bu-lat cum
e- o,   et in pri- mis   e- li-
git   e-um.
3. C.
Ré mi sol.   mi sol.

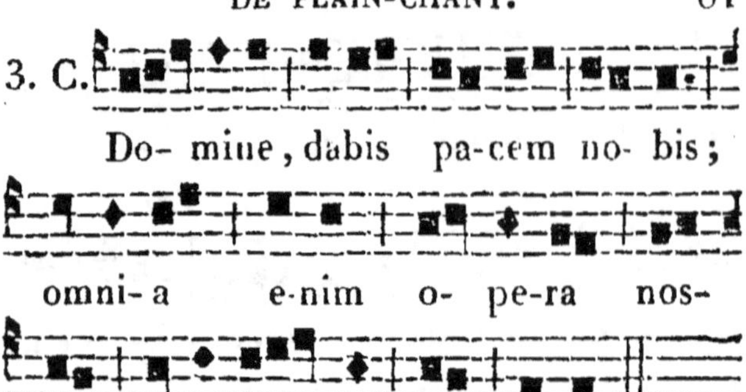

Le quatrième ton dont la dominante est *la*, se transpose une note plus bas, pour avoir la dominante en *sol*, et le Serpent joue avec trois bémols à la clef en *ut* mineur.

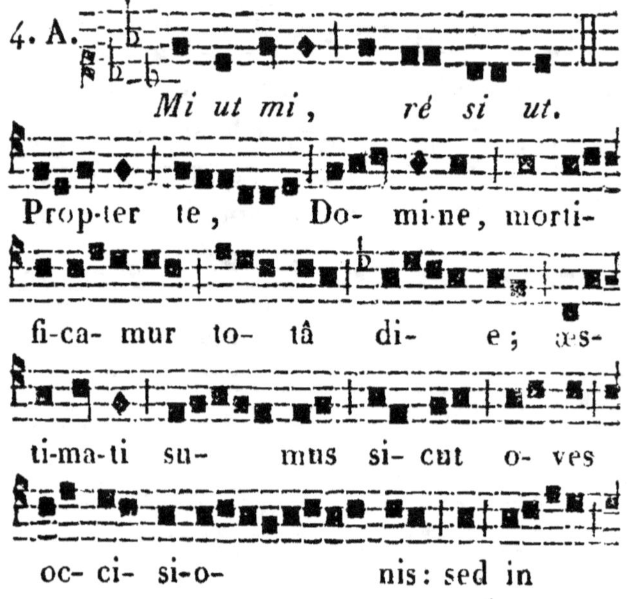

his om- nibus, su-pe-ra- mus
prop- ter e- um qui di- le-
xit nos.
Sol fa sol   la fa sol.   Glo-
ri- a   Patri, et Fi-li-o, et
Spi- ri- tu- i sanc-to; si- cut e-rat
in prin-ci-pi-o, et nunc, et sem-
per, et in se-cu-la se-cu-lo-rum.
A- men.

Du même incomplet, en a.

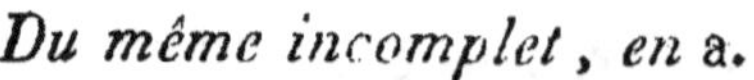

Secu- lo- rum. A- men.

Du même incomplet,
en g.

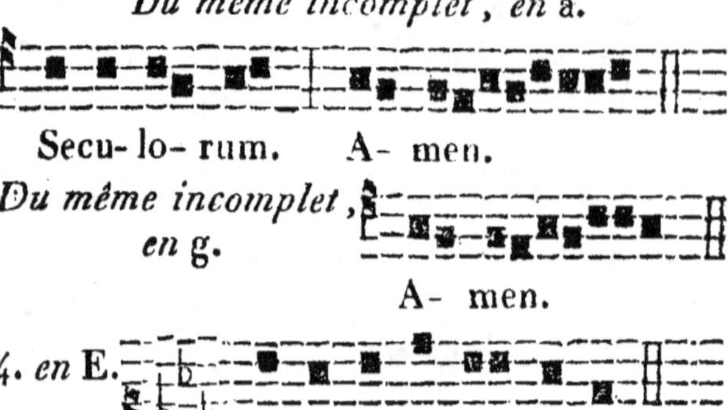

A- men.

4. *en* E.

Sol fa sol si sol fa ré.

Præordi- navit te De- us, ut vi- de-

res jus- tum, et au-di- res vo- cem

ex o- re e- jus, qui a e-ris

tes tis il- li- us.

4. *en*
d.

Sol fa sol la fa sol. Fi-de-

li- a omni- a manda-ta e- jus

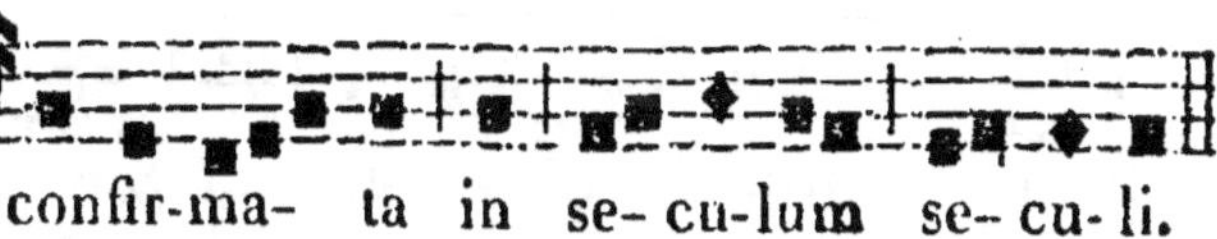

Le cinquième ton dont la dominante est *ut*, se baisse d'une quarte; le Serpent joue en *ut* majeur, dont la dominante est *sol*.

Introït du 5. A.

et contra-dic-ti-o-nem in ci-vi-
ta-   te. (T. P. Alle-lu-
ia,   al-le-   lu-   ia.)
Ps. Exaudi, De-us,   o-ra-ti-onem
meam, et ne despexeris de-preca-ti-
onem meam : in-tende mihi,   et
e-xau-di me.
Serpent.
Ut mi fa sol fa sol.
Glo-ri- a   Patri, et Fi- li-o,

et Spi-ri-tu-i sancto; si-cut e-rat
in princi-pi-o, et nunc, et sem-
per, et in se-cu-la secu-lorum. A-
men.
5. F.
A-men.
5. C.
Ut mi sol la sol, sol mi fa
En a.
mi ré ut.
5. C.
I-mi-ta-to-res me-i es-to-
te, et obser-va-te e-os qui
i-ta am-bulant sicut habe-tis
formam nostram.

Le sixième ton dont la dominante est *la*, se prend en *ut* mineur pour le Serpent.

ci- um ,   lex De- i
e- jus in corde   ip-si-   us.
(T.P. Alle-   lu-   ia, al- le-
lu-   ia.)   Ps. No- li   æ- mu-la-
ri   in ma-lignantibus,   neque
ze-la- veris fa- ci-entes   i-ni- qui-ta-
tem.
Serpent.
Mi fa mi sol fa la fa sol.
Glo-ri- a   Patri, et Fi- li- o,

Exemple du 6.ᵉ ton royal , et du 6. C.
Intonation.

6. *Royal.*

6. C.

6. C.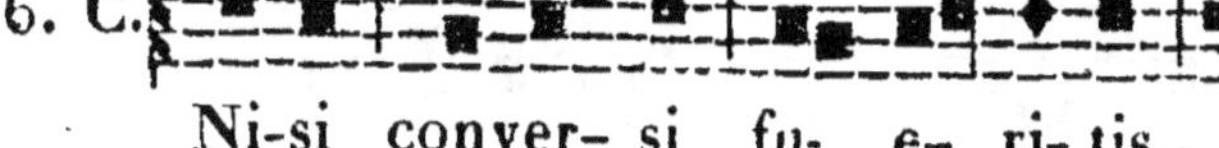

Ni-si conver- si fu- e- ri- tis,

et ef-fi- ci- a- mi-ni si- cut par-

vu- li, non in-tra- bi- tis in reg-

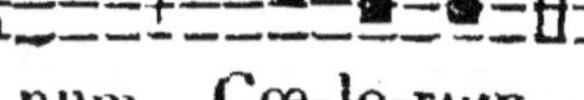

num Cœ-lo-rum.

Septième ton **A.** *Le Serpent joue en* ut *majeur, et le si en montant se fait bémol.*

7. a. *Introït.* 

7. a. 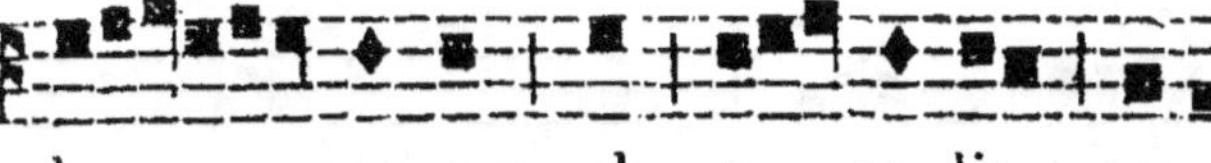

Abster- get De- us omnem

la crymam ab o- cu- lis e-

o- rum, al le lu- ia, et mors

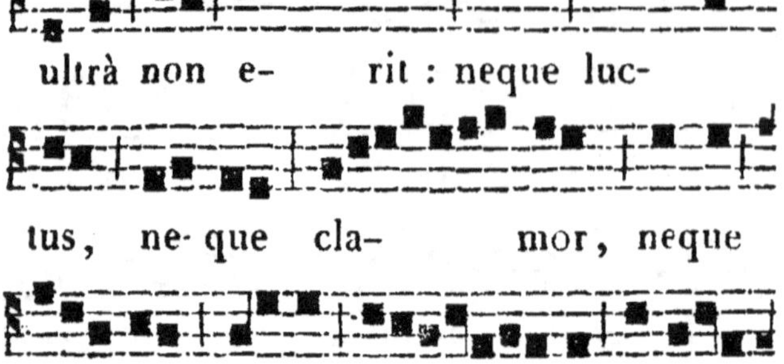

ultrà non e- rit : neque luc-
tus, ne- que cla- mor, neque
do- lor e- rit ul- trà, alle-
lu- ia, qui- a pri- ma a- bi-e- runt,
alle-lu- ia, al-le- lu- ia.
Ps. Exul- ta- te, jus ti, in Domino : rec- tos decet col- lau-
da- ti- o.
Glo- ri- a Pa-

Septième ton dont la dominante est *ré*,
et se transpose en *ut* majeur.

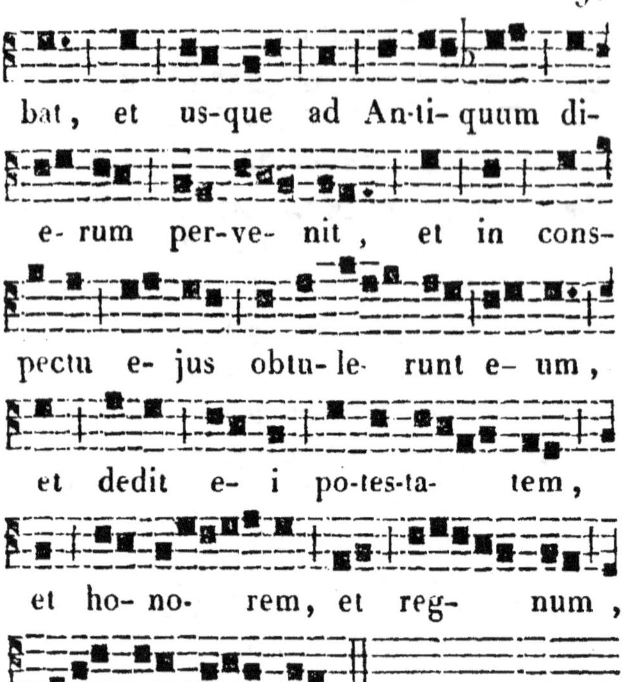

Le huitième ton, dont la dominante est *ut*,
se joue en *sol* majeur.

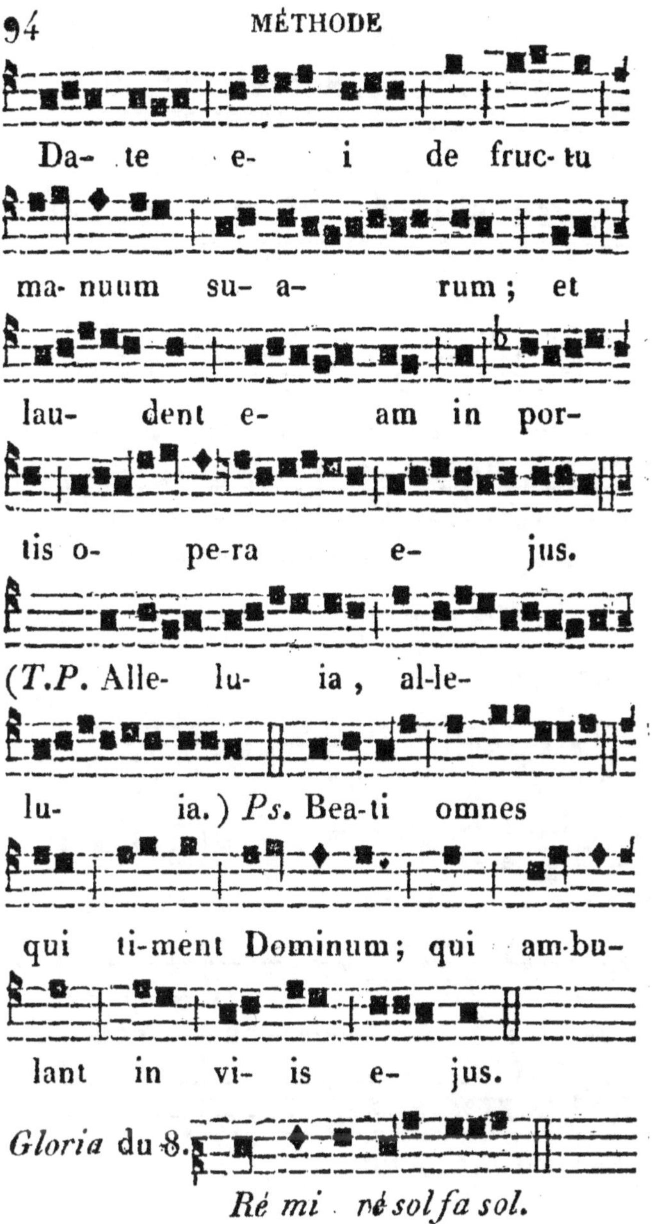
Da- te e- i de fruc- tu
ma- nuum su- a- rum; et
lau- dent e- am in por-
tis o- pe-ra e- jus.
(T.P. Alle- lu- ia, al-le-
lu- ia.) Ps. Bea-ti omnes
qui ti-ment Dominum; qui am-bulant in vi- is e- jus.
Gloria du 8.
Ré mi ré sol fa sol.

Glori- a   Patri, et Fi-li- o,
et Spi- ri- tu- i sanc-to ; si-cut
e-rat in princi-pi-o, et nunc, et
semper, et in se-cu-la se-cu- lo-
rum. A- men.
8. ton
G.
Forti- tu-do sim- pli-cis vi- a Domini ;
jus- tus in æ-ter-num non
com-mo-ve- bi-tur.

Exemple sur les Hymnes.

Du 1. ton.

Serpent.

Sol ut ré mi ré ut.

Du 1.

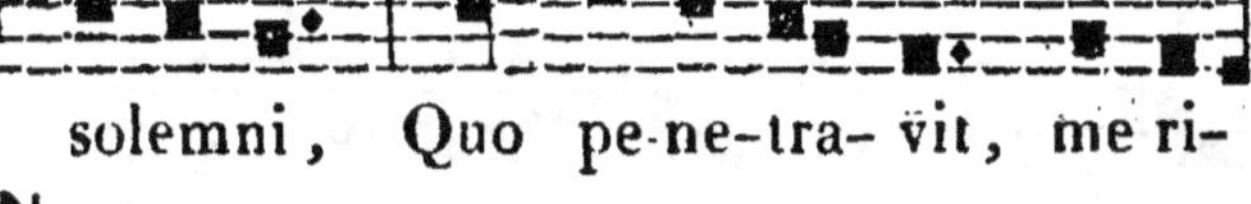

tis a-bun-dans, Astra Be-nig-nus.

Hymne du 2. ton.

Serpent.

2. ton.

Hymne du 3. ton.

Hymne du 4. ton.

5

Hymne du 5. ton.

Egressus ad se quot popu-los tra-hit!
5.

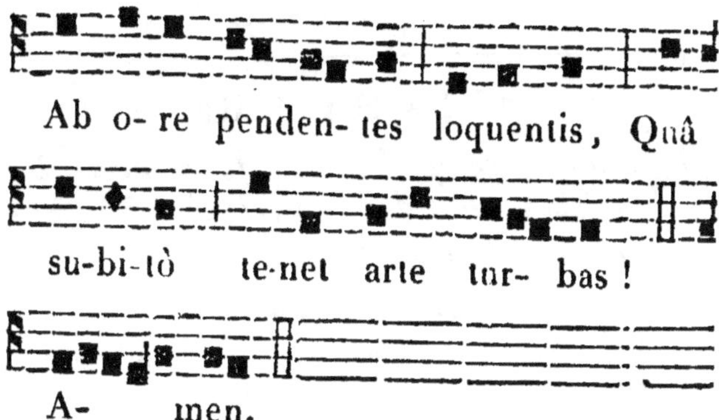

Hymne du 8. ton.

DE LA MANIÈRE

De chanter ce qui est contenu dans les Matines, Laudes, Petites - Heures, Vêpres et Complies.

A MATINES.

Le Domine, labia, se chante toujours de la manière suivante.

Ou bien :
Alle-lu-ia.　Laus ti-bi, Domine,
rex æ-ternæ glo-ri- æ.
Invit.
du 4. B.
Chris- tus na- tus est
no- bis, * Ve- ni-te, a-
dore- mus. Ps. Ve- ni-te,
e-xultemus Do- mino, ju-bi-lemus
De- o sa-lu- ta- ri nos- tro :
præoccupe- mus fa-ci-em e- jus
in con-fes- si- o- ne, et

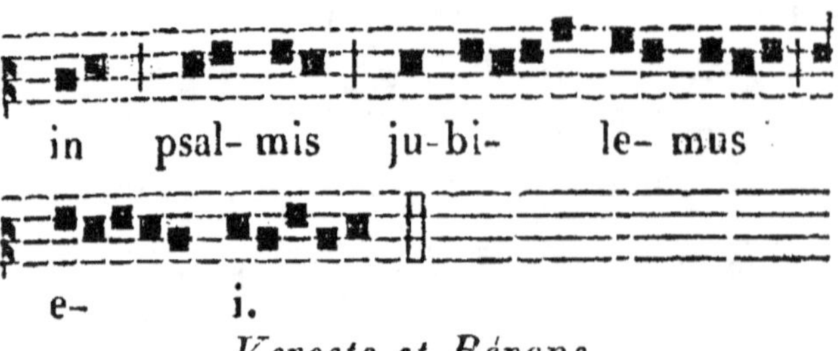

Versets et Répons.

Versets des Ténèbres.

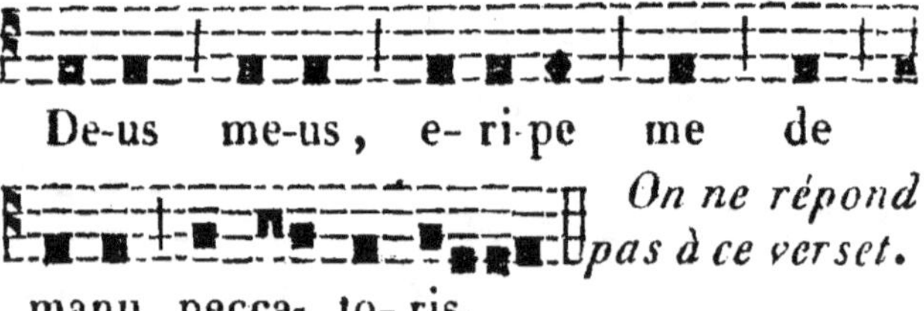

On ne répond pas à ce verset.

Aux Commémoraisons.

Tons des Absolutions et Bénédictions.

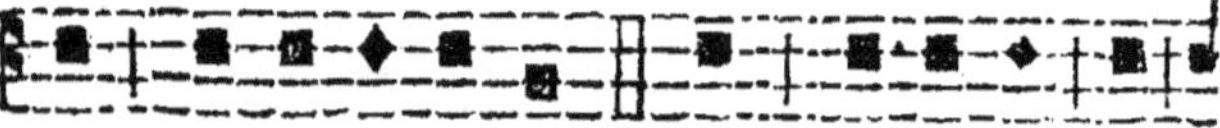

Tons des Leçons.

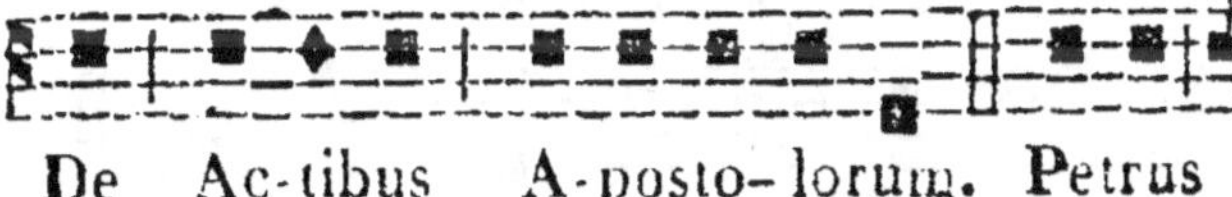

Des difficultés qui se trouvent dans les leçons.

Il en existe six : 1.º du point seul (.); 2.º des deux points (:); 3.º du point interrogant (?); 4.º des monosyllabes qui se trouvent devant le point seul, comme *sic*, *est*, et autres ; 5.º de quelques mots indéclinables qui se trouvent devant le point seul, comme *Absalon, Aaron, Sion;* 6.º enfin à cause de la conclusion.

En observant les exemples suivans, on parviendra à chanter facilement toutes ces difficultés.

Le point seul.

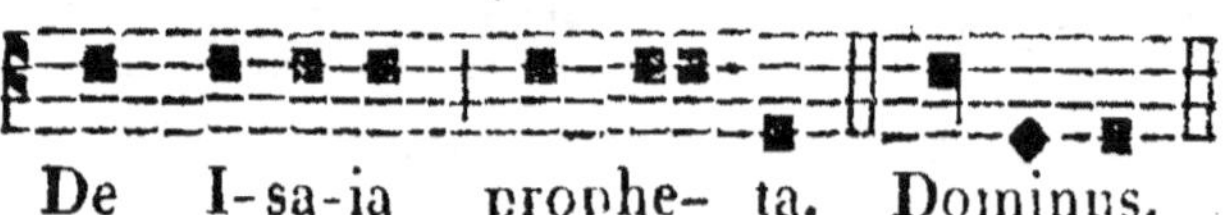

Les deux points.

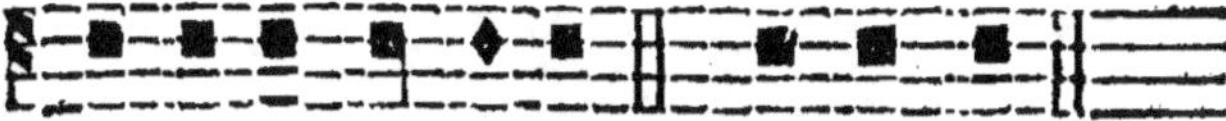

Points interrogans.

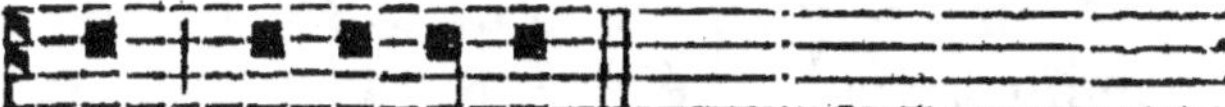

Le monosyllabe.

Noms indéclinables.

Quoique *Jesus* se décline, il suit cette règle.

Conclusion.

Devant la virgule , le point admiratif , le point et virgule , et aux parenthèses , l'on ne fait aucune inflexion ni élévation.

Quand les noms hébreux sont au nominatif, on les chante comme *Absalon*, *Samuel*, etc.; mais quand ils sont dans un autre cas et qu'ils se déclinent, on les chante ainsi qu'il est marqué dans l'exemple suivant :

Il n'y a que le nom de *Jésus* qui ne suit point la règle précédente, mais ainsi :

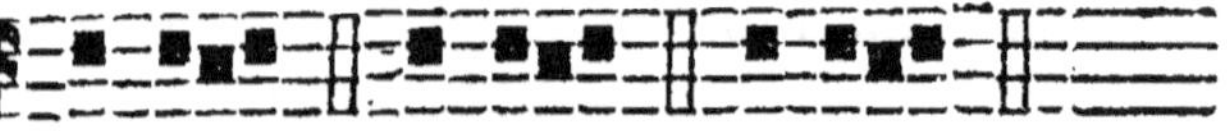

Intonation du Te Deum, *et manière de chanter le verset sacerdotal.*

Le répons du verset se chante de la même manière.

A LAUDES.

Les capitules se chantent toujours *recto tono* jusqu'à la dernière syllabe, ou jusqu'aux deux dernières, si la pénultième est brève ; on la chante en descendant de l'*ut*

au *la*. Si les capitules finissent par un monosyllabe ou un mot indéclinable, alors on suivra l'exemple suivant.

Ecce Sacerdos magnus. Factus est

recon-ci-li- a- ti- o.

Monosyllabes et mots indéclinables.

Plena sum. Je-rusa-lem. Christo.

Je-su.

Voyez les divers chants des Benedicamus, *à la pag.* 68.

MANIÈRE

De chanter ce qui est contenu dans la Messe.

Intonation du Gloria in excelsis, *Messe de Dumont.*

Pour les grands-solennels.

Glo- ri- a in excel-sis De-o.

Pour les solennels.

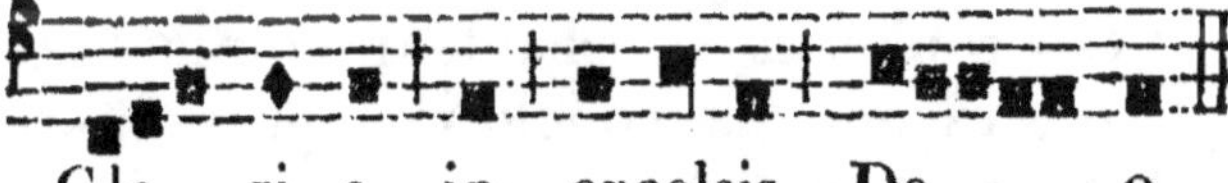

Glo- ri- a in excelsis De- o.

Pour les solennels-mineurs.

Glo- ri- a in ex-cel-sis De- o.

Aux Fêtes et aux Dimanches semi-doubles.

Glo- ri- a in excelsis De- o.

On se sert quelquefois du suivant.

Glo- ri- a in ex- cel- sis De- o.

Pour les doubles-mineurs.

Glo-ri- a in excel- sis De- o.

Gloria *de la veille de Pâques et de la Pentecôte.*

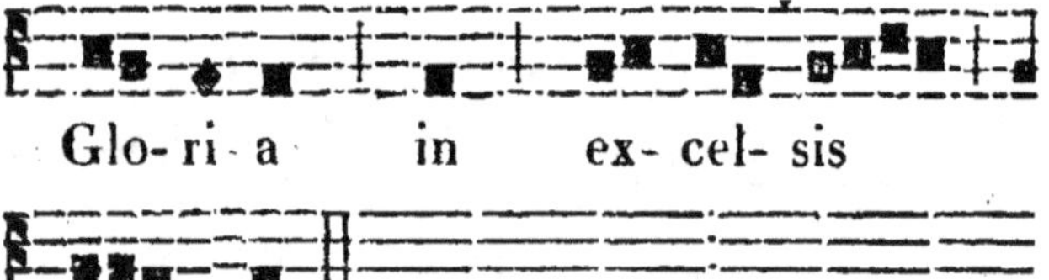

Glo- ri- a in ex- cel- sis

De- o.

Les prophéties se chantent comme les leçons, excepté la conclusion qui se finit comme aux leçons des Morts.

Exemple.

Conclusion.

Autres conclusions.

Manière de chanter l'Epitre.

quàm cùm cre-di-dimus.

Aux points d'interrogation (?) et d'admiration (!), on observera la même règle qu'aux leçons; sans aucune inflexion.

Quid dicam vo- bis! Lau-do vos?

Victo- ri- a tu- a?

L'astérisque (*) qui se trouve à la fin indique la conclusion de l'Epître.

Et carnis curam ne fe- ce- ri-tis in

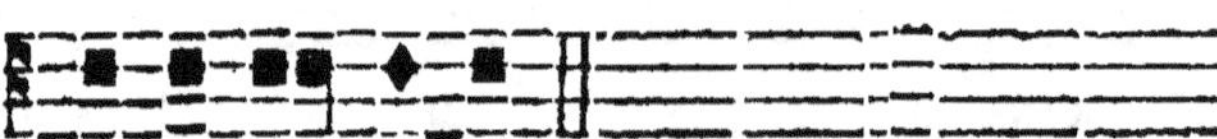

de- si-de- ri- is.

Manière de chanter l'Evangile.

Dominus vo-bis- cum. Sequenti- a

sancti Evange li-i secundùm Lu- cam.

Nous n'avons pas cru devoir donner ici
le chant des quatre Passions, parce qu'on
les trouve notées tout au long dans l'Office
de la Quinzaine de Pâques noté. On peut
se le procurer à Dijon, chez Douïllier, im-
primeur-libraire.

Pour l'*Ite*, *Missa est*, voy. la page 69.

CHANT DES RÉPONS

De Prime, Tierce, Sexte, None et Complies.

A PRIME.

℣. Exurge, Domine, adju-va nos;
℟. Et redi- me nos propter no-

A L'ASPERSION.

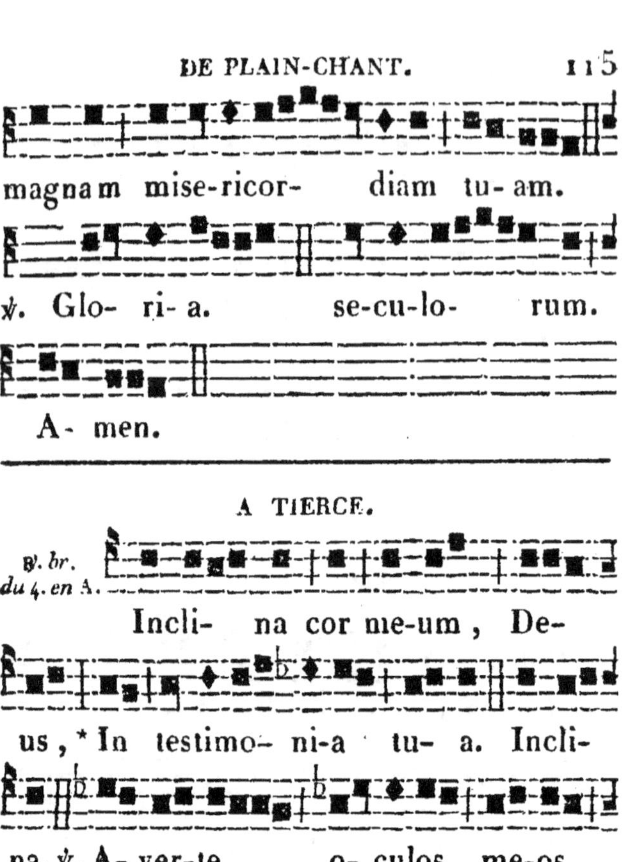
magnam mise-ricor- diam tu- am.
℣. Glo- ri- a. se-cu-lo- rum.
A- men.

A TIERCE.

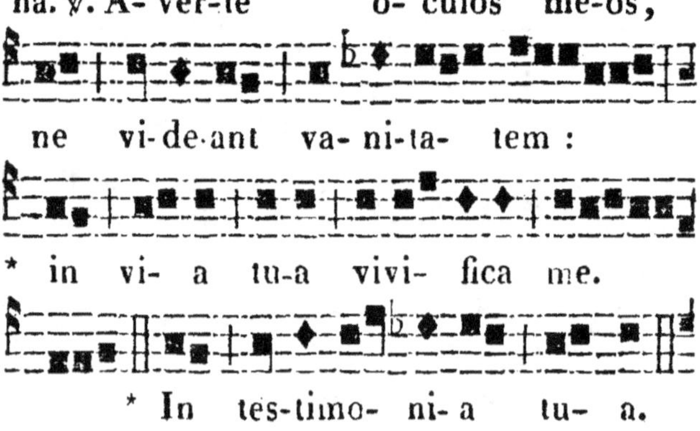
℟. br.
du 4. en A.
Incli- na cor me-um , De-
us , * In testimo- ni-a tu- a. Incli-
na. ℣. A- ver-te o- culos me-os,
ne vi-de-ant va-ni-ta- tem :
* in vi- a tu-a vivi- fica me.
* In tes-timo- ni-a tu- a.

Glo- ri- a Pa- tri, et Fi- li- o,
et Spi-ri- tu- i sanc- to.
Incli- na. ℣. Deduc me in se-mitam
manda-torum tu-orum ; ℟. Qui-a
ipsam vo-lu- i.

A SEXTE.

℟'. br.
du 6.
Tes-timo-ni a tu-a intel-le- xi,
Do-mine : * Latum manda- tum tu- um
ni mis. Tes- timoni- a. ℣. Om-nis
consumma-ti-o- nis * vi- di finem.

℣. Dilexi mandata tua super aurum;

℟. Propterea ad omnia mandata tua dirigebar.

A NONE.

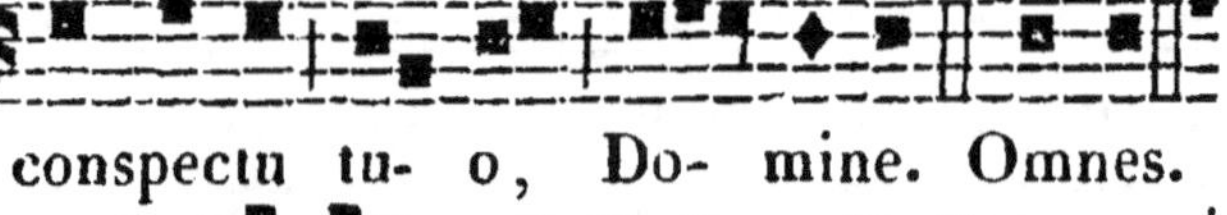

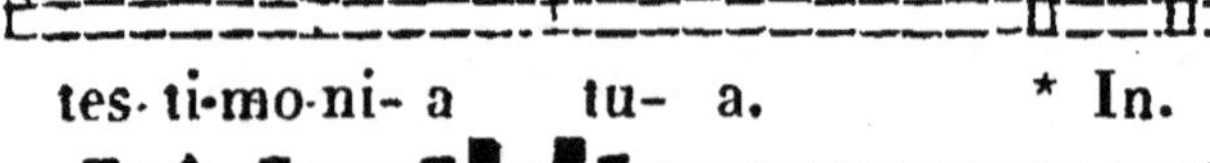

Glo ri- a Pa- tri. Omnes.

℣. Custodivit anima mea testimonia tua;

℟. Et dilexit ea vehementer.

A COMPLIES.

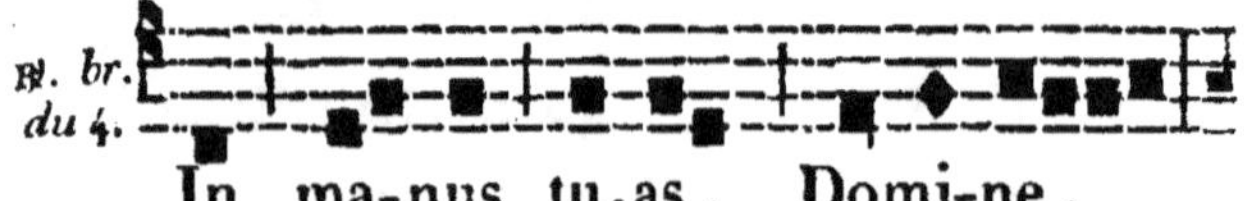

℣. Custodi me, Domine, ut pupillam oculi;
℞. Sub umbra alarum tuarum protege me.

Verset.

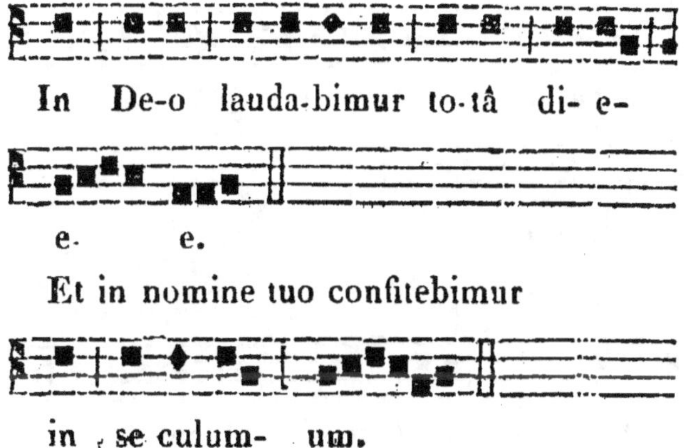

Autre verset pour le jour de la Toussaint.

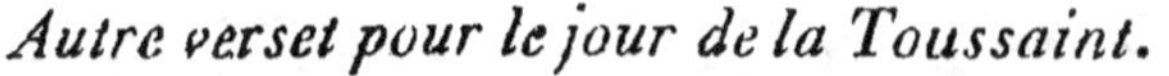

In lu mine tu-o vi-de-bimus lumen-

en- en.

Prætende misericordiam tuam

scien tibus te, Domi-ne, e- e.

Domine, salvum fac, *à trois voix.*

Chœur.

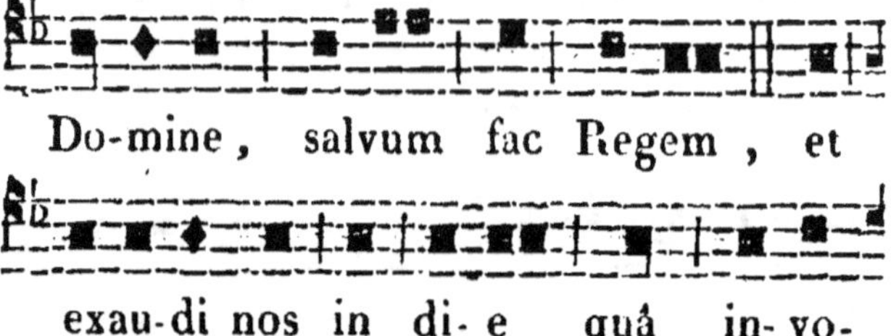

Do-mine, salvum fac Regem, et

exau-di nos in di-e quâ in-vo-

cave-rimus te.

Enfans.

Domi-ne, salvum fac Regem, et

e-xau-di nos in di-e quâ in-vo-
ca-ve-rimus te.
Basse.
Domine, salvum fac Regem, et
e-xaudi nos in di-e quâ in-vo-
ca-ve-rimus te.
Chœur.
Patri, et Fi-li- o.
Enfans.
Pa-tri, et Fi-li- o.
Basse.
Pa-tri, et Fi-li- o.

PRIÈRE

Qui se dit pendant l'Avent.

6

tu-æ, et glori-æ tu-æ, u-bì lau-

da-verunt te patres nostri. Rora-te, *etc.*

Pecca-vimus, et fac-ti sumus tanquam

immundus nos, et ce-ci-dimus qua-si

fo-li-um u-niver-si, et i-niqui-ta-

tes nostræ qua-si ventus abstu-lerunt

nos: abscondis-ti fa-ciem tu-am à

nobis, et al-li-sis-ti nos in ma-nu

i- niqui-ta-tis nostræ. Rora-te, *etc.*

Vide, Domine, afflicti-onem populi
tu-i; et mitte quem mis-su-rus
es. E-mitte Agnum domi-na-torem
terræ de petra de-ser ti, ad montem
fi-li- æ Si-on; ut au-ferat ip-se
jugum cap-ti- vi- ta-tis nostræ.
Rora-te, *etc.* Conso-lami-ni, conso-la-
mini, po-pu-le me us; ci-tò ve-ni-
et salus tu-a. Quare mœro-re con-

6.

℣. Ostende faciem tuam, Deus :
℟. Et salvi erimus.

CHANT POUR LE CARÊME.

A chaque Str. le Ch. répète Attende, *etc.*

Pecca-vimus, Domine, cum pa- tribus
nostris ; in-jus-tè e-gimus, i- ni-
quitatem fe- cimus; multi-pli-ca- tæ
sunt super ca-pillos ca-pi-tis me- i
i- niqui-tates nos-træ. Attende.
U- bì sunt mi-se-ricordi-æ tu- æ
an-tiquæ, Do-mine, sicut ju-ras-ti
in ve-ri-ta-te tu- a, in je-ju-ni-o,
in fletu, in planctu ? Conver-ti-

mur ad te, tu e-xaudi-es et sal-
va-bis nos, quoniam multus es ad
ignoscen-dum. Attende.
Nonne hoc est je-ju-ni-um quod
e-le- gi? E-suri-en- ti frange panem
tu- um, impi-e-ta-tis solve li-ga-
mina; tunc invo-cabis, et De- us
ex-au- di- et. Attende.
Rever-te-re, re-verte-re ad Dominum

CHANT AU S. SACREMENT.

Veni-te, etc.

In cruce latebat sola Deitas;
At hìc latet simul et humanitas:
Ambo tamen credens atque confitens,
Peto quod petivit latro pœnitens.

Jesu, quem velatum nunc aspicio,
Oro, fiat illud quod tam sitio;
Ut te revelatâ cernens facie,
Visu sim beatus tuæ gloriæ.   Amen.

MOTET AU S. SACREMENT,

A trois voix.

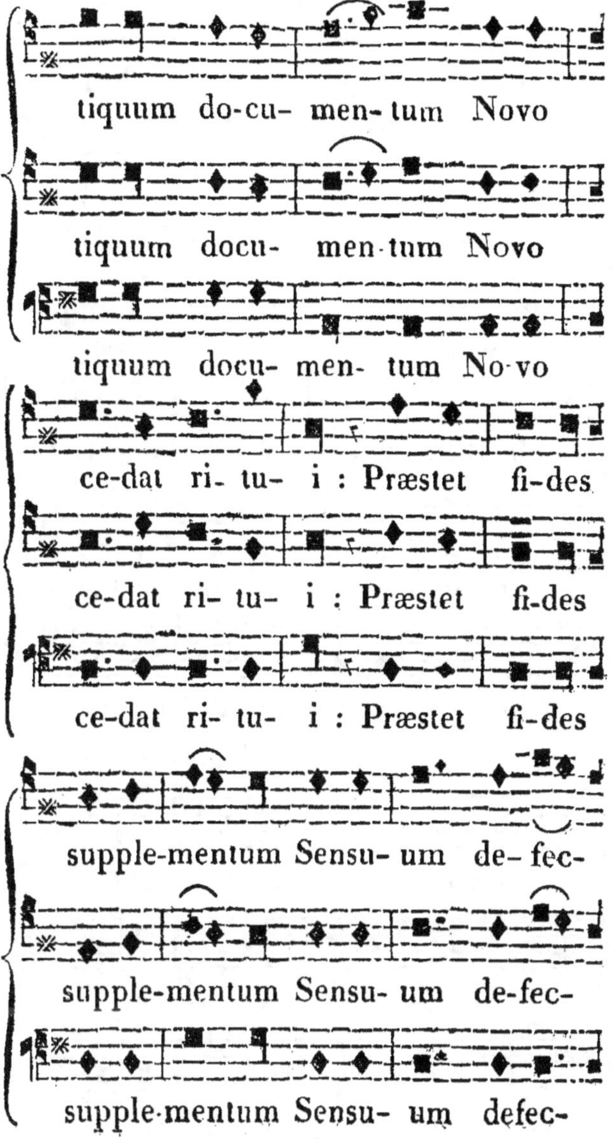

tiquum do-cu- men-tum Novo
tiquum docu- men-tum Novo
tiquum docu- men- tum No-vo
ce-dat ri- tu- i : Præstet fi-des
ce-dat ri- tu- i : Præstet fi-des
ce-dat ri- tu- i : Præstet fi-des
supple-mentum Sensu- um de- fec-
supple-mentum Sensu- um de-fec-
supple-mentum Sensu- um defec-

tu- i, Præstet fi-des supple-
tu- i, Præstet fides supple-
tu- i, Præstet fi-des supple-
men- tum Sensu- um de-fec-tu- i.
men tum Sensu- um de-fec tu- i.
men-tum Sensu- um defec- tu- i.

2.ᶜ *Strophe.*

Ge-ni- to-ri, Geni- toque,
Ge-ni- to-ri, Geni- toque,
Ge-ni- to-ri, Geni- toque,

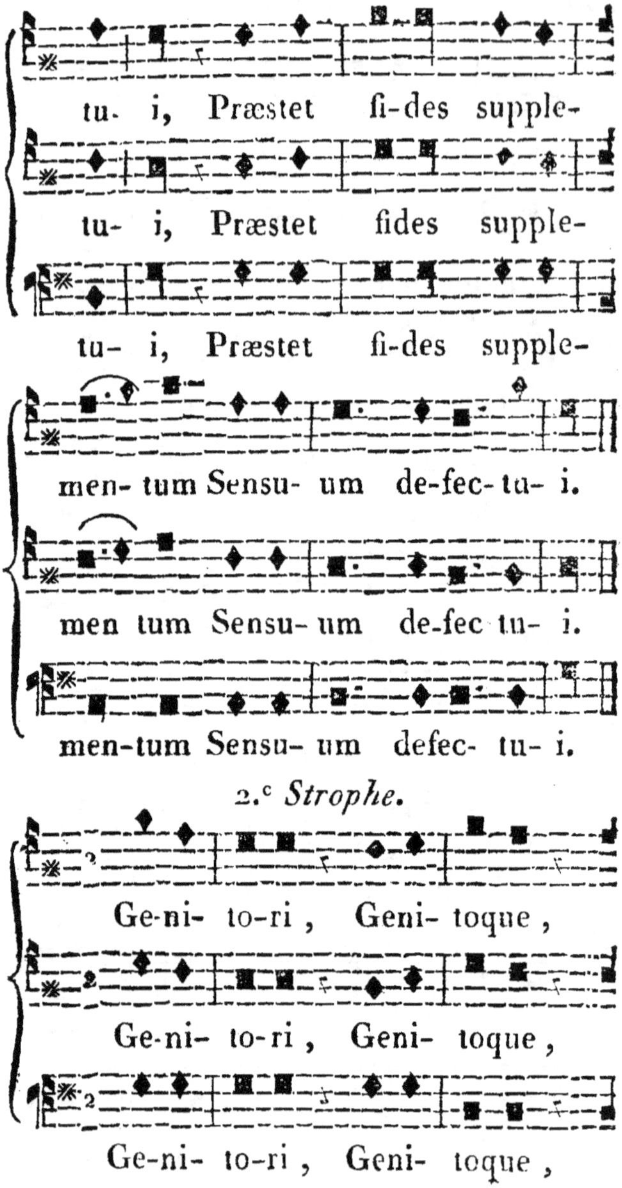

Laus et ju- bi-la- ti- o , Salus,
Laus et ju- bi-la- ti- o , Salus,
Laus et ju- bi-la- ti- o , Salus,
honor, virtus quo- que, Sit et
honor, virtus quo- que, Sit et
honor, virtus quo- que, Sit et
be- nedic- ti- o : Proce-den-ti
be- nedic- ti- o : Proce- denti
be- ne-diç- ti- o : Proce-den-ti

ab u- troque Compar sit lauda-
ab u- troque Compar sit lauda-
ab u- troque Compar sit lauda-
ti- o, Proce- den-ti ab u- tro-
ti- o, Proce- den-ti ab u- tro-
ti- o, Proce- denti ab u- troque Compar sit lau-da- ti- o.
que Compar sit lau-da- ti- o.
que Compar sit lau-da- ti- o.

AUTRE MOTET

A trois voix.

Ve- ne- re- mur cer-nu- i; Et
Ve- ne- re- mur cer-nu- i; Et
Ve- ne- re- mur cer-nu- i; Et
an- tiquum do- cumen-tum Novo
an- tiquum do- cu-mentum Novo
an- tiquum do-cu mentum No-vo
ce- dat ri- tu- i: Præstet fides
ce- dat ri- tu- i: Præstet fi-des
ce- dat ri- tu- i: Præstet fides

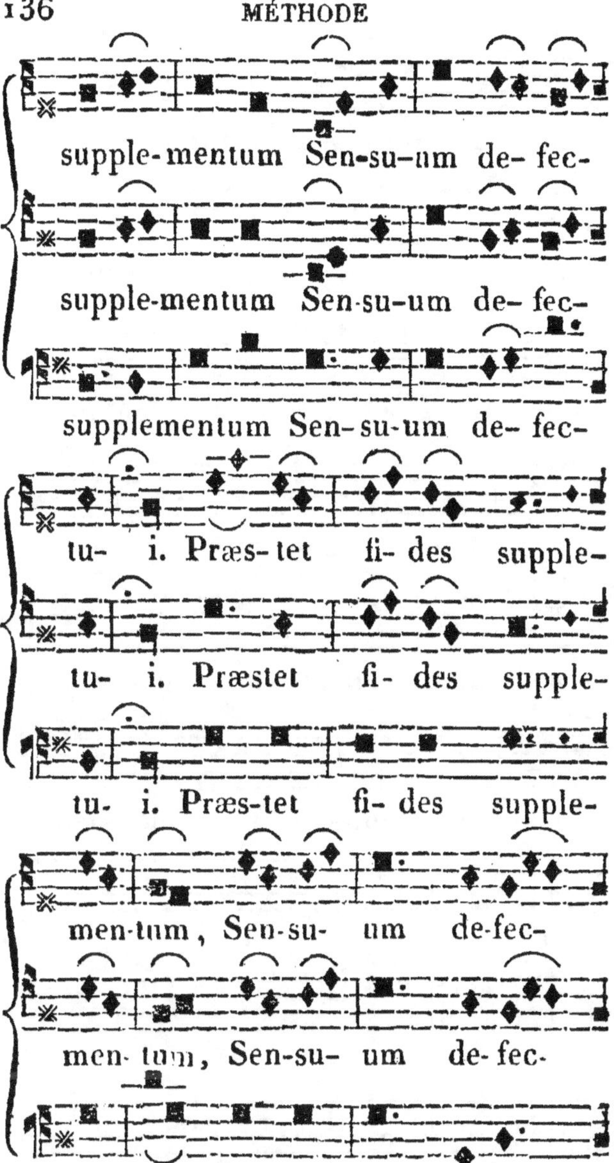
supple-mentum Sen-su-um de-fec-
supple-mentum Sen-su-um de-fec-
supplementum Sen-su-um de-fec-
tu- i. Præs-tet fi-des supple-
tu- i. Præstet fi- des supple-
tu- i. Præs-tet fi- des supple-
men-tum, Sen-su- um de-fec-
men-tum, Sen-su- um de-fec-
men tum, Sen-su- um de-fec-

tu- i. Præs-tet fi- des supple-
tu- i. Præs-tet fi- des supple-
tu- i. Præstet fi- des supple-
men- tum Sen-su- um de-fec-
men- tum Sen-su- um de-fec-
men- tum Sen-su- um de-fec-
tu- i.
tu- i.
tu- i.

2.^e *Strophe.*

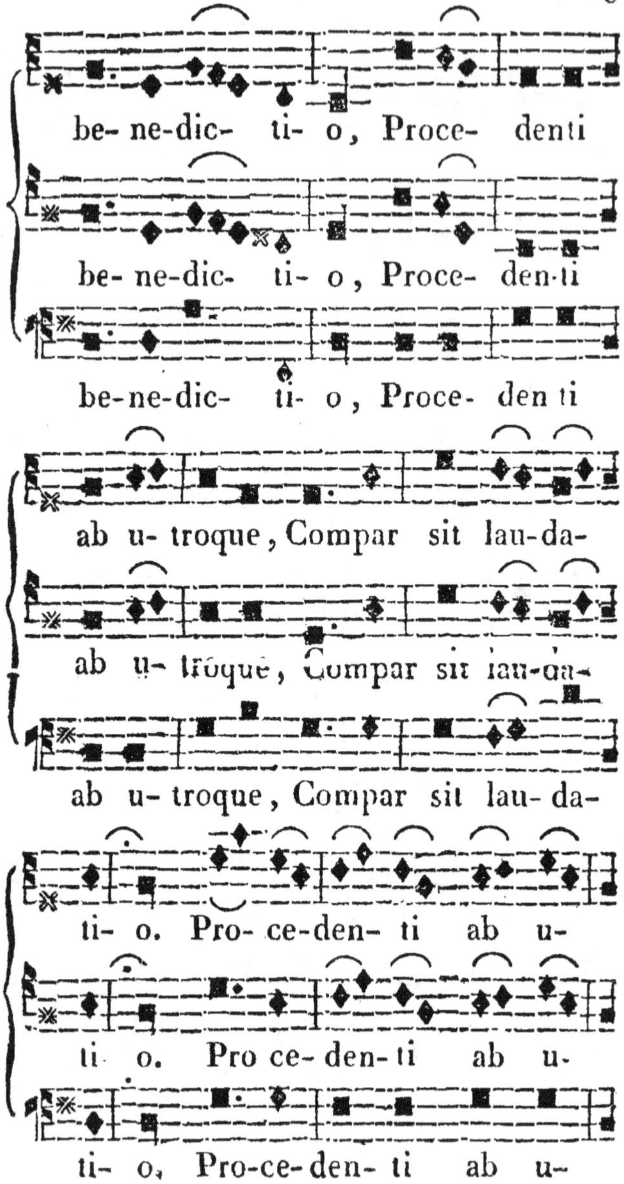

be- ne-dic- ti- o, Proce- denti
be- ne-dic- ti- o, Proce- den-ti
be- ne-dic- ti- o, Proce- den ti
ab u- troque, Compar sit lau-da-
ab u- troque, Compar sit lau-da-
ab u- troque, Compar sit lau-da-
ti- o. Pro- ce-den- ti ab u-
ti- o. Pro- ce-den-ti ab u-
ti- o, Pro-ce-den- ti ab u-

troque Compar sit lauda-- ti-
troque Com-par sit lau da- ti-
troque Compar sit lau-da- ti-
o. Pro-ce-den- ti ab u-troque
o. Pro-ce-den- ti ab u- troque
o. Pro-ce-den- ti ab u- troque
Com-par sit lau-da- ti- o.
Compar sit lau-da- ti- o.
Com-par sit lau-da- ti- o.

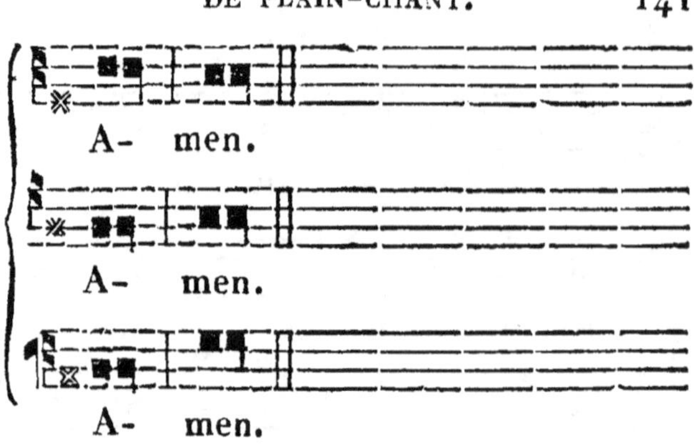

CHANT DE *L'O FILII,*

A deux parties.

Le Chœur reprend Alleluia.

CHANT DU *STABAT*,
A deux voix.

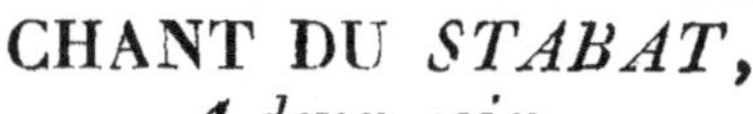

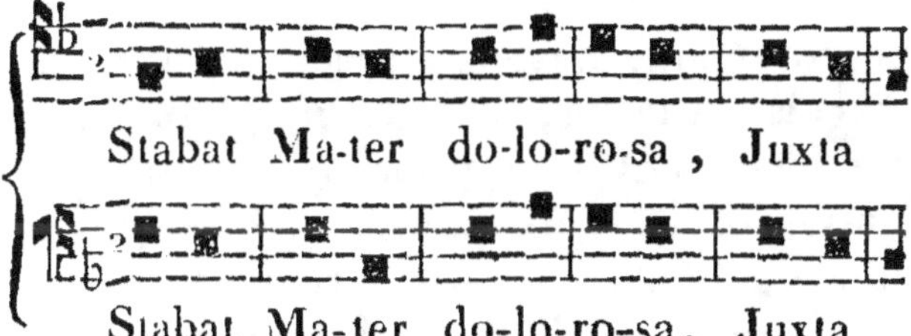

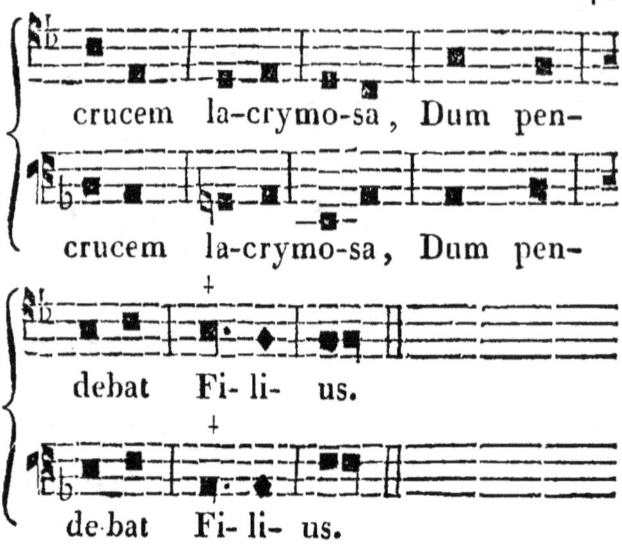

Les personnes qui auront scrupuleusement étudié cette Méthode, et qui seront chargées de la conduite d'un Chœur, sentiront la nécessité d'adopter une dominante qui réunisse l'ensemble des voix, et la grande utilité d'un diapazon, dans les églises où il n'y a ni Orgue ni Serpent pour l'obtenir.

La dominante devant être sur la note *sol* ou sur la note *la*, il faut que toutes les pièces de chant se rapportent à l'une ou à l'autre de ces deux notes, et que l'intonation de l'Officiant soit la règle à suivre pour le reste de l'Office. Si cependant il se trouvoit que l'Officiant donnât une intonation trop basse ou trop élevée, le Maître - Chantre , chargé de la conduite du Chœur , en frappant sur son diapazon ou timbre, trouvera de suite la dominante sur laquelle il doit chanter , et entonnera le psaume sur la dominante établie au Chœur.

Cette règle est la même pour les Chœurs où il y a des Serpens.

Si les antiennes diffèrent de ton , il faut mettre ces différentes dominantes sur la même , ainsi que j'en ai donné des exemples par les *introït* , antiennes et répons ; c'est-à-dire que *la* , *fa* , *ut* , *ré* , qui sont les dominantes des huit tons, doivent tous se rapporter à celle établie au Chœur. Si c'est le 1.er ton, dont la dominante est *la* , et que la note *la* soit la dominante du Chœur, il faut que les 2.e , 3.e , 5.e , 7.e et 8.e tons, dont les dominantes sont *fa* , *ut* , *ut* , *ré* et *ut* se rapportent tous à celle de *la*. Ces transpositions regardent surtout le Maître-Chantre ou le Serpentiste. Si la dominante est d'un ton plus bas , il faut suivre la même méthode pour rapporter tous les tons à celle de *sol*.

Ainsi je pense qu'un timbre qui donneroit la dominante établie dans un Chœur, et sur lequel on frapperoit avec un liége rond ajusté au bout d'une baguette en ba

leine ,

leine, donneroit une marche certaine pour conduire un Chœur, sans offrir rien de dur ni de choquant à l'oreille. Ayant moi-même fait l'essai de ce moyen, j'ai trouvé qu'il étoit le seul pour régulariser le chant dans les Eglises où il n'y a ni Orgue ni Serpent.

Cette Méthode peut encore servir à ceux qui jouent du Trombonne, du Bugle, ou d'autres instrumens en rapport avec l'étendue du Serpent. On les admet dans beaucoup d'Eglises de Paris et des autres grandes villes de France.

SUPPLÉMENT.

BEAUCOUP de personnes nous ayant témoigné le désir de pouvoir chanter les Cantiques sans le secours de la Musique ; et de notre côté, désirant que cet Ouvrage fût le plus utile possible, nous avons volontiers consenti à donner quelques principes et des exemples qui suffiront aux personnes qui les étudieront, pour rendre, par ce Plain-Chant, tous les mouvemens de la Musique. Pour cela nous nous sommes servis des notes désignées dans les exemples ci-après : ces exemples sont applicables aux Motets comme aux Cantiques.

DU PLAIN-CHANT MUSICAL.

La Musique se chante avec trois mesures principales, qui sont la mesure à deux temps, la mesure à trois temps, et la mesure à quatre temps. Elles se battent par temps égaux, sans rester plus long-temps sur l'un que sur l'autre. La première mesure est celle à quatre temps ; elle se marque par un C. Elle est composée d'un temps frappé, d'un temps à gauche, d'un temps à droite, et d'un temps levé. La deuxième mesure est celle à 3 temps ; elle est composée d'un temps frappé, d'un temps à droite, et d'un temps levé. La troisième mesure, celle à deux temps, est composée d'un temps frappé et d'un temps levé. Les mesures composées sont la mesure à $\frac{2}{4}$, la mesure à $\frac{3}{4}$, la mesure à $\frac{3}{8}$, et la mesure à $\frac{6}{8}$. Nous donnerons un exemple de chacune de ces mesures, qui suffira pour déterminer leur valeur et les faire connoître.

Notes de Plain-Chant comparées avec celles de la Musique, et valeur des premières vis-à-vis les secondes.

Double carrée à queue, vaut une ronde ou deux carrées à queue.

Carrée à queue, vaut une blanche ou deux carrées simples.

Carr. simp., vaut une noire ou deux losang.

Losange, vaut une croche ou 2 demi-los.

Demi-losange, vaut une double croche.

Figures des notes de Plain-Chant qui re-
présentent les silences de Musique.

Pause, vaut une doub. carrée à queue.

Demi-pause, vaut une carrée à queue.

Soupir, vaut une carrée.

Demi-soupir, vaut une losange.

Le point vaut la moitié de la note qui le
précède; après la carrée à queue il vaut
trois carrées simples, après la note carrée
il vaut trois losanges, après la note losange
il vaut trois demi-losanges.

Exemple.

Carrée à queue avec un point vaut trois
carrées simples.

Carrée avec un point vaut trois losanges.

Losange avec un point vaut trois demi-lo-sanges.

La cadence est un signe marqué ainsi †; et la liaison qui se met sur deux, trois ou quatre notes, est un autre signe désigné ainsi qu'on va le voir dans l'exemple suivant :

Exemple des mesures comparées, et de leur valeur.

Mesure à $\frac{2}{4}$, composée d'une carrée et de deux losanges.

Mesure à $\frac{6}{8}$, qui se bat à deux temps.

Je finis en donnant un exemple de la mesure à $\frac{3}{8}$, mesure peu usitée dans les chants solennels, à cause de son mouvement un peu vite.

Exemple.

Les personnes qui liront attentivement les exemples qui suivent, et les différens signes qui correspondent aux notes, se mettront à même de chanter avec goût ces morceaux de chant.

CANTIQUES

NOTÉS EN PLAIN - CHANT.

Les paroles de ces Cantiques sont tirées du *Recueil de Saint-Sulpice* ; nous n'avons fait qu'y ajouter les notes.

A la fin de chaque air, nous indiquons la page du Recueil de Saint-Sulpice d'où le Cantique est tiré. Ce renvoi sera utile aux personnes qui voudront apprendre toutes les paroles de chacun de ces Cantiques.

MYSTÈRE DE LA PENTECOTE.

(*Recueil de Saint-Sulpice*, pag. 158.)

POUR LA NATIVITÉ DE NOTRE-SEIGNEUR.

(*Recueil de Saint-Sulpice*, pag. 116.)

SUR LES GRANDEURS DE MARIE.

(*Recueil de Saint-Sulpice* , pag. 244.)

RÉSOLUTIONS APRÈS LA SAINTE COMMUNION.

(Recueil de Saint-Sulpice, pag. 338.)

POUR LA PURIFICATION DE LA SAINTE VIERGE.

(*Recueil de Saint-Sulpice*, pag. 239.)

SENTIMENS D'AMOUR.

(*Recueil de Saint-Sulpice* , pag. 326.)

AVANT LA COMMUNION.

Cantique à deux voix.

(Recueil de Saint-Sulpice, pag. 323.)

Ainsi que je l'ai observé page 145, les Musiciens qui jouent du Trombonne, du Bugle ou de tout autre instrument moderne ayant la même étendue que le Serpent, pourront à l'aide de cette Méthode, en étudiant toutes les transpositions des tons, se mettre, dans un court espace de temps, à même de conduire un Chœur aussi bien qu'avec le Serpent.

J'ai même observé que le mélange des Bugles, Trombonnes et Oficléides, unis aux Serpens, offroient un ensemble de basses très-majestueux. Les personnes qui auront eu occasion de visiter les Eglises de la Capitale, auront sans doute remarqué que, dans le faux-bourdon, ces nouveaux instrumens produisoient un très-bel effet : et je crois que l'avis que j'en donne peut être utile à ceux qui jouent de ces différens instrumens.

Nota. Pensant faire plaisir aux amateurs du Plain-Chant qui ne connoissent pas la Musique, et qui désirent cependant chanter convenablement les Cantiques, nous nous proposons de publier incessamment une Edition du Recueil de Cantiques de Saint-Sulpice, avec tous les airs notés en plain-chant comme ceux qui précèdent.

FIN.

ns de souffrances. A ses infir-
ituelles, qui auroient paru à
une pénitence suffisante, cette
urageuse joignoit des mortifica-
s austérités volontaires, portoit
ur soi quelque instrument de
veilloit, jeûnoit et vivoit dans
, la soumission et l'abandon.
it mise sous la direction d'un
alors fort estimé à Rennes, le
ntin de Saint-Armel, qui lui
grand secours dans son désir
river à la perfection. Il ordonna
a Houx d'écrire sa vie et de tra-
salut des ames. Il crut qu'elle
re tourner à l'avantage du pro-
le et les lumières que Dieu lui
és.

mmença donc à se répandre un
u-dehors. Par l'ordre de M. de
Ioudancourt, évêque de Rennes.
n voyage en Poitou, afin d'y
e religieuse dont on parloit alors
, et qui étoit en grande réputation
, mais à laquelle il arrivoit des
extraordinaires, que les plus
ient peine à les expliquer. Mme.
la vit et l'examina long-temps.
lle n'étoit ni enthousiaste, ni
lle craignit que cette fille ne fût
sion ; mais il paroît qu'elle lui
in justice, et qu'elle connut que

une sc
tions
En
Poitou
à la r
cette
En 16
M. de
cet es
visitée
de Rei
de Tr
à ven
Houx
toujou
de cha
elle s'
cution
on tr
mêlât
de per
croix
tience
regret
joie,
soins
on l'a
sieurs
conter
le besc
fiance
encore